In the Shower with Picasso

丹麥人為什麼這麼有創造力

全球最幸福國家，如何善用「邊界創意」，
打造樂高、NOMA等世界成功典範

Christian Stadil 克里斯蒂安・史戴德
Lene Tanggaard 琳・譚葛爾——著

劉慧玉——譯

企畫叢書 FP2268

丹麥人為什麼這麼有創造力？

全球最幸福國家，如何善用「邊界創意」，打造樂高、NOMA等世界成功典範

作　　者　克里斯蒂安・史戴德（Christian Stadil）、琳・譚葛爾（Lene Tanggaard）
譯　　者　劉慧玉
責任編輯　陳怡君
協力編輯　張雅惠
封面設計　廖　韡
行銷企劃　陳彩玉、陳玫潾、蔡宛玲
編輯總監　劉麗真
總 經 理　陳逸瑛
發 行 人　凃玉雲
出　　版　臉譜出版
城邦文化事業股份有限公司
台北市民生東路二段141號5樓
電話：886-2-25007696 傳真：886-2-25001952
發　　行　英屬蓋曼群島商家庭傳媒股份有限公司城邦分公司
台北市中山區民生東路二段141號11樓
客服專線：02-25007718；25007719
24小時傳真專線：02-25001990；25001991
服務時間：週一至週五上午09:30-12:00；下午13:30-17:00
劃撥帳號：19863813　戶名：書虫股份有限公司
讀者服務信箱：service@readingclub.com.tw
城邦網址：http://www.cite.com.tw
香港發行所　城邦（香港）出版集團有限公司
香港灣仔駱克道193號東超商業中心1樓
電話：852-25086231或25086217　傳真：852-25789337
電子信箱：hkcite@biznetvigator.com
新馬發行所　城邦（新、馬）出版集團
Cite（M）Sdn. Bhd.（458372U）
41, Jalan Radin Anum, Bandar Baru Sri Petaling,
57000 Kuala Lumpur, Malaysia.
電話：603-90578822　傳真：603-90576622
電子信箱：cite@cite.com.my
一版一刷　2015年10月

城邦讀書花園
www.cite.com.tw

ISBN 978-986-235-469-8

售價：NT$ 300
（本書如有缺頁、破損、倒裝，請寄回更換）

國家圖書館出版品預行編目資料

丹麥人為什麼這麼有創造力?全球最幸福國家，如何善用「邊界創意」，打造樂高、NOMA等世界成功典範／克里斯蒂安・史戴德(Christian Stadil)，琳・譚葛爾(Lene Tanggaard)著；劉慧玉譯. -- 一版. -- 臺北市：臉譜，城邦文化出版；家庭傳媒城邦分公司發行, 2015.10
面；　公分. --（企畫叢書；FP2268）
譯自：In the Shower with Picasso
ISBN 978-986-235-469-8（平裝）

1.職場成功法　2.創造性思考　3.企業管理

494.35　　104019144

目錄

前言

彼得・奧巴克（Peter Aalbak）脫光褲子那天，是某個星期三的午後。

「某種程度來說，恐懼能激發創造力。所以我不斷製造混亂，逼員工隨時面對革新。」奧巴克是國際獎項常勝軍——丹麥電影公司參卓帕（Zentropa）的執行長。眾人皆知他與大導演拉斯・馮・提爾（Lars von Trier）的合作關係，而他鼓勵員工將公司標誌紋在身上、在公司聚會中與他一起裸泳等事，更為人津津樂道。離職員工每被問及奧巴克的管理風格，無不熱烈談起他常赤身裸體，或要年輕女性員工依樣畫葫蘆。難怪魅力與爭議於他總是形影不離。

一個秋天傍晚，奧巴克接受我們採訪，分享他如何打造出一個不斷創新的電影公司。奧巴克的形象引人爭議，登上丹麥雜誌的照片，常是光著屁股叼根雪茄。依他所見，這樣製造瘋狂混亂，旨在激發員工的創意熱忱。他告訴我們，他自己與藝術家的初相遇發生在童年。他父親身兼政府官員與作家兩種身分，飽受情緒擺盪折磨之苦；下筆有如神助時，對家人充滿慈愛，若不幸遇到撞牆期，則變成隨時可能爆發的火山。這種處境對一個小孩無異滿布艱辛，卻也同時教會他觀察創作者如何行事。尤其重要的，父親讓他懂得跟隨熱情。

稍後我們會回頭談更多有關奧巴克及馮・提爾的事情。但首先，讓我們來探討此書的宗旨：為什麼要談創造力，又為何要以丹麥的例子當作主軸？因為這個除了善於說故事的人民，別無其他資源的北歐小國，做事卻常別有創意，不斷為產品打造附加價值。

序

「創造力將益形重要。」這個信念為此書的基礎。在今天這種講求創意的經濟形態中，創造力和即席演說能力不再是少數人的特殊才能，而是人人必備。隨著知識社會彌補了工業社會的不足，甚且加以改造，創意人愈來愈受到重視。這對歐洲許多薪資相對昂貴、天然資源短缺的國家而言，是莫大的考驗。在國際市場，我們沒有條件以低廉薪資或大量生產取勝，更不能奢望地底還藏著什麼天然資源。我們需要別種能力。

想要永續發展，一種可能途徑，是將這種長久以來的創新思考、理性組織及持續創造新品的傳統發揚光大。身為本書作者，我們堅信應將此創造與創新的能力，進一步推行至全歐洲，甚至全球。這需要投資、研究、完善的基礎建設、領導力，以及能將創意落實為具體商品的組織體系。

然而在多數人眼中，創新與創造力多少帶點神秘，難以具體掌握，而且稀有難尋。藉著此書，我們希望能一窺創造力的黑盒子。我們認為，實際上每個人都具備創造力——只要有志如此。此書涵蓋許多實例，也提供不少具體訣竅，供讀者將創意直接運用在日常生活與工作中。書中所舉個案都來自丹麥，有別於一般的「應用祕笈」，這不僅是一本創意教戰手冊，更是創意國度中一部發人深省的精采故事。我們相信其他地區的人們也將從中受益，這就是我們將它介紹給英語系讀者的動機。

缺乏天然資源，使得丹麥格外仰賴創造力。一直以來，丹麥與友邦交好，這是身為小國的現實考量。在這樣的現實條件下，也培養出獨特的合作能力，而我們相信這正是創造力的核心。在丹麥，統治者與平民之間向無太大距離，當前多數政府官員都積極參與各式溝通平台，廣泛汲取大眾意見。百姓們信賴政府及整體公部門。由於高稅賦，社會階級差異並不明顯，這益發鞏固了彼此互助的傳統，進而產生林林總總的社群組織，及各式傲視全球的合作運動。丹麥是率先賦予女性投票權的國家之一，從一九〇九年部分實施到一九一五年全面推行；色情文學於一九六七年合法化，緊接著一九六九年起可公開播放色情影像；一九八九年，成為第一個准許同性登記伴侶關係的國家。此外，克里斯欽自由城（Christiania）——極少數自治國之一——也坐落於丹麥。此書中每個有關創造力的故事，無不充分反映出這個社會的開放、合作、自主與平等精神。我們相信這定能鼓舞其他地區的人，當然，或許我們並非舉國上下都創意十足，這些成功的精采案例應該也能夠激發出我們的創造潛能。

此書能成，要歸功於許多人。首先感謝哥本哈根高效能研究院（High Performance Institute）總監艾倫．列文（Allan Levann），是他觸發本書的核心概念：二〇一〇年一個風光明媚的四月天，我們應列文之邀參加一場會議，結果促使我們熱烈討論起創造力這個議題。我們希望寫一本書，幫助人們有自信地在公私領域展現創意，並透過諸多案例鼓舞大家積極嘗試。在無數精采的訪談與奮力書寫後，其成果此刻便在你眼前。

我們並未接受任何基金會或慈善機構的專案補助，純粹只是熱情地投入自己的時間與心力。說到此，必須感謝丹麥奧爾堡大學（Aalborg University）與索尼科企業（Thornico A/S），沒有他們在工作上給予空間，此書恐怕只是空中樓閣。整個撰寫過程充分展現企業與學界的交流和協力，相信這樣的合作模式將立下典範。

本書奠基於一系列訪談，對象是饒富創造力的丹麥企業及個人，幾乎在國際上都頗有成就，包括：二〇一四年第四度蟬聯全球最佳餐廳TOP1的NOMA創辦人克勞斯・麥爾（Claus Meyer）和營運總監彼得・克萊納（Peter Kreiner）；哥本哈根及曼哈頓BIG建築團隊負責人比雅克・英格斯（Bjarke Ingels）；為水叮噹（Aqua）等樂團打造多首熱門歌的作詞作曲家索倫・雷斯提（Søren Rasted）；丹麥廣播公司（Danmarks Radio，簡稱DR）名電視劇製作人英格奧夫・蓋堡（Ingolf Gabold），膾炙人口的推理影集《謀殺拼圖》（*The Killing*）及政治影集《權力的堡壘》（*Borgen*）皆出自其手；丹麥廣播公司及奧胡斯大學董事會長麥可・克里斯汀森（Michael Christiansen）；樂高（LEGO）設計師及創意總監群；V1藝廊主人傑斯伯・艾爾格（Jesper Elg）；知名廣告創意總監彼得・史登貝克（Peter Stenbæk）；知名DJ暨奧拉（Aura）等音樂人的幕後推手肯尼特・貝耶（Kenneth Bager）；亞勒（Aller）企業業務總監波妮兒・雅蘭德（Pernille Aalund）；鬼才藝術家、電影導演約・萊斯（Jørgen Leth）；雷特（ＬＥＴＴ）律師事務所；視覺藝術家安德烈亞斯・戈爾德（Andreas Golder），定居柏林，與哥本哈根方舟現代美術館（Arken）、拉姆藝廊（Galleri Larm）、倫敦白立方（White Cube）等都有合作；丹麥仲夏芭蕾創辦人亞歷山大・柯平（Alexander Kølpin）；知名刺青客艾米・詹姆士（Ami James）；賀魯夫修姆私立寄宿學校（Herlufsholm）校長克勞斯・尤茲耶彼埃斯・雅科森（Klaus Eusebius Jakobsen）。

此外，我們也納入撼魔（hummel）時尚公司行銷、藝術總監群與設計師群，還有索尼科產品經理們的創意過程。筆者之一史戴德表示，索尼科企業所以能不斷成長，重點便在善用創造力。受訪者敘事角度雖然不同，但都同意創造力是品質與創新的靈魂。這些受訪者分文未取，慷慨挪出時間與我們暢談如何管理創意、維持創造能量。

為了此書，我們『出外景』到充滿創意的辦公室、餐廳、酒吧等地。我們誠摯感謝受訪者撥出時間給我們，他們的言談，是這本書的靈魂。若有任何疏漏或不周，全是我們倆的責任。古爾丹出版社（Gyldendal Business）總監妮斯・尼斯戴蘇（Lise Nestelsø）及編輯史汀・索瓦達爾森（Erlend Steen Thorvardarson），還有ＬＩＤ出版公司的馬丁（Martin Liu），是一路指引我們的明燈。他們付出的時間與投入的熱忱，讓我們感激不盡。同樣，家人朋友一路耐心傾聽我們高談創意，給我們時間完成此書，我們銘感五內。沒有他們的付出，此書無以得見天日。

話說回來，究竟是什麼讓奧巴克能與馮・提爾共事，一再贏得國際大獎（包括坎城影展金棕櫚獎、柏林影展金熊獎、金球獎、奧斯卡獎等等）？他說自己是個商人，與馮・提爾結盟是出於自知，借他人所長補自己不足。藝術家馮・提爾與商人奧巴克似乎是完美搭擋，這些年共同拿下的獎項充分說明了一切。但奧巴克不斷淡化自己的重要性，把自己描述為一個鄉下孩子。與馮・提爾對照，那或許是事實，卻也是他刻意輕描淡寫。根據他的講法，參卓帕電影公司的經理通常是女性，因為女人工作比較努力。

總的來講，奧巴克不斷強調要讓混亂在職場發酵。每逢耶誕節，員工只要敢在公司派對上當眾寬衣解帶，就可贏得大獎。媒體對此事件的相關報導造成不少負面觀感，也讓公司成為眾矢之的。但奧巴克每次裸體，都純粹是為了公司。依照他的說法，他希望讓員工準備好面對真正的藝術家，那是做電影這一行的命定遭遇。若不曾直接與瘋狂照過面，你無法面對那一刻。奧巴克旨在以身作則，設定屬於公司的情緒基調。話說回來，參卓帕電影公司不只是毫無節制的瘋狂，每個早晨，員工得上早課吟誦，一年中還有好幾個日子要遵循古老儀式。公司沿著框架邊界運作，雖全力挑戰極限，卻也尊崇傳統。這公司的管理模式可能難以複製，但它的獨特以及無政府狀態，毋庸置疑，對丹麥國際地位之貢獻不可言喻。

二

丹麥：小國成就無數創新！

提升創造力是重要的政治議題，是二十一世紀創意經濟的推手，也是近來許多學校改革方案的目標。對此，普喬（Gerard Puccio）、曼恩斯（Marie Mance）及穆達克（Mary Murdock）在他們合著的《創意領導》（*Creative Leadership*）中有詳盡闡釋。換言之，創造力已是無可迴避的課題，我們必須找到嶄新有效的方法來確保國家的永續成長。這需要必備的基本技能，以及能夠描繪未來的想像力。想像未來，是人類原始才能之一，但僅有想法並不夠。新點子要能落實，執行力十分重要。

此書即在探討如何達成這個目標。你將看到一系列振奮人心的故事，揭露許多傑出團隊或個人如何將創意產品成功推上國際。若說丹麥的創意世界第一，或許有點誇大，然而近年來，它在各種創意／創新賽事中不斷名列前茅，卻是不爭的事實。進一步看，以一個人口不過六百萬的國度來說，這些成就更顯不凡。是什麼成就了這般的創意光環？此書企圖揭開其中奧秘，探究這持續卓越的表現，是源自丹麥或北歐的生活方式，還是出於創意者的心理狀態？我們也深入研究了幾家總部設於丹麥的創意企業，看他們在組織與策略上如何思考，又如何放眼世界。你將看到丹麥知名電視劇創意團隊親口見證，他們製作的《謀殺拼圖》在海外大受歡迎的原因；你會看到NOMA——二〇一〇、二〇一一、二〇一二及二〇一四，有四年被評選為全球最佳餐廳的創意過程，你也將聽到丹麥建築金童英格斯的金玉良言。

我們也會分享自身經驗。史戴德的工作涉及創意與創新，產業橫跨食品、科技、運動、時尚至網路——如Tattoodo.com。譚葛爾擔任一家創意研究集團總監，也是一家創意／創新顧問公司的合夥人。讓各則故事自行演繹的同時，我們也確保所有結論都有創意／創新相關研究的佐證。我們要特別強調，創造力（Creativity）與創新（Innovation）在此書並無明顯界限，因為我們相信：擁有創造力，才可能發展有賣點的創新產品。由此，我們深入探討個人及組織需具備哪些創意基礎，才足以發展出有革新力的產品或服務。

上路！

一切要從二〇一〇年八月一個酷熱天說起，當時我們正準備訪問雷特律師事務所。這間位於哥本哈根，被丹麥律師同業聯盟（Association of Danish Law Firms）票選為丹麥最創新的法律事務所。其辦公大樓坐落於哥本哈根市府廣場，公司可俯瞰成群野鴿與來往行人。也許多數人並不認為律師也能——或說應該——充滿創意，我們卻不這麼認為。

隨後我們和蓋堡相談甚歡。蓋堡時為丹麥廣播公司戲劇部門主管。他談及該公司出品的影集如何改造了丹麥電視劇，吸引週日晚間數百萬計的電視觀眾，贏得多項國際大獎，且大規模銷至海外。時間來到晚上九點，我們置身哥本哈根肉品加工區的V1藝廊。前身為肉品鋪的耀眼霓虹燈，照亮了廣告創意總監史登貝克及藝廊主人艾爾格的工作生涯。

感謝各卓越創意人的貢獻，我們希望讀者能透過此書掌握臻至創意之境的要訣，奮力前進——成為有創意的人或具備全球影響力的領導者。

創造力計畫開跑

在這個八月天裡，一切難照計畫，訪談一發不可收拾。看來，創意人就是如此，要回答什麼、略過什麼，全憑他們決定。蓋堡大口喝著紅酒，暢談著雅各．拉岡（Jacques Lacan），這位生於一九〇一年，卒於一九八〇，受佛洛伊德精神分析學派影響甚深的法國精神分析師——誰想得到丹麥廣播公司的電視劇，竟深受法國精神分析師的啟發；而那些律師並不十分確定自己是否稱得上有創意；被推崇為二〇一〇年歐洲最創新藝廊的V1，主人們於訪談中自由來去，他們行程滿滿，我們只得順勢而為，且戰且走。在這些訪問中，我們不免加入自己的經驗及語彙，但這立即造成隔閡，是我們的一大挑戰。這其實是常識：走到自己所知的邊界，才了解哪些地方不足，感覺來到了智力或職業怠惰的對立面。在這個大熱天，我們全力以赴，直到三更半夜。

相互交流的工作情境

我們走在哥本哈根的克里斯提安港（Christianshavn），頂著寒風，朝NOMA前去。進了餐廳，一路至少碰到五位滿面笑容的侍者，將我們裹在一片暖意當中。所謂專業，應當如是。招呼我們的營運總監克萊納，帶我們參觀廚房，桌旁圍繞著大約十五名廚師與學徒，韭菜、熟成起司和歐芹的香氣撲鼻而來。

圍坐在可眺望碼頭的長桌旁，啜著冰氣泡水，我們聽克萊納描述「週六實驗場」：廚師們盡情實驗著各式食材與組合，令人咂舌的成果不時出現，躍登菜單。冰氣泡水加上奶油煎蔬菜的香味讓我們食指大動。四年榮登全球最佳餐廳的NOMA如何辦到的？欲知詳情，請參閱第十三及十四章。

同樣在一個冷天，我們出發前往哥本哈根的諾里布（Nørrebro），準備拜訪BIG建築事務所的名建築師英格斯。坐在閣樓的會議室，陽光穿過窗櫺灑在身上，我們聽著英格斯談他如何將哥本哈根的蒼翠中庭融入曼哈頓摩天大樓。這股創意，源於以新方式重組真實樣貌——沿著已知的邊界向未知探索。這個概念將貫穿全書成為主軸，也是丹麥式創新的核心；創意不該是一股腦地往外跳，而是沿著邊界，謹慎前行。NOMA研發新菜單，乃遵守一套明確哲學：摸索極致，打造於既有概念之上。撼魔時尚設計新裝的基礎，有從以往的型錄取材，也有來自對手的靈感。這些創意人沿著既有踽踽前行，展開了創造之旅。

信念

這些訪談讓我們得知：驅動這些創意者的，是一股勤勉不懈的力量。瑞內・雷哲畢（René Redzepi）對北歐料理的熱情，使他投入一切心力；英格斯即將遠赴曼哈頓，實現蓋摩天樓的孩提夢想；史登貝克，這位以經典廣告打造水叮噹樂團及一家行動電話公司的鬼才，從小一心渴望離鄉背井出外打天下。史登貝克位於芬島（Fyn）的故鄉，激發他創造出知名電視廣告系列中的虛擬村落。家鄉邊陲的氛圍有如他生成創意的溫床，而離鄉闖蕩的強烈渴望，則發展成廣告的故事情節。

史登貝克跟我們分享了一招：點子貼。無論何時何地，不管是否派得上用場，只要一有點子出現，他馬上拿筆記下。就這樣，記錄一句笑話的小紙條，可能哪天就成為某樣新產品的靈感。史登貝克隨手寫下時，並不知道會有何等演變，他只知道這東西說不定會很有意思。這麼做的結果，讓他總是保有對創意的信念及渴望。律師事務所那位業務經理的故事也深具啟發性，我們將看到他如何策動所有律師，讓大家把焦點轉放到業務與客戶身上。英格斯則談及他在大建築公司碰到的阻力。

總而言之，這些談話讓我們深信：專業能力、勇氣、熱情、懷疑能力與承擔風險的意願，都是創造力的必要前提。若只是謹守分際行事，你恐怕無法成為先驅。

個人與企業的創造力

此書先從個人談起，再從企業角度來探討創造力。兩者之間，毫無疑問有密切的關聯。有創意的個人，沿著自己目前的能力極限來發展，有創意的企業何嘗不是如此？有創意的人以嶄新手法重新組合事物，有創意的企業亦然，從已有產品、競爭對手、社交媒體、既有知識等汲取點子，作為發展產品及概念的基礎。打破員工與管理者及各部門之間的藩籬，無形中可提升整體創造力。

有創造力的人，對醞釀創作的突破也頗有一手。他們也許跑去洗澡，就像傳說中畢卡索經常做的。而有創造力的企業，則懂得幫員工準備突破「撞牆期」的空間。在工作中訂出某個時間，可能是必要的——就像NOMA的週六實驗場，讓各廚師展現這週以來的實驗成果，向主廚雷哲畢獻藝，玩出可能的新菜式。這麼一來，創造力自然在技術提升與日常表現中產生作用。

創造力就在日常生活中

有關創造力的許多文獻，往往大談各種激發創意的瘋狂活動與小小練習。很遺憾，這些技巧很難與公司日常運作產生關係。美國知名專欄作家卡曼・蓋洛（Carmine Gallo）在談論蘋果創辦人賈伯斯（Steve Jobs）的書裡寫道：「若一家企業靠把經理人送去河裡划木舟來學合作，或叫他們做彩色紙飛機以提升創意，這家公司可以說是出大問題了。」怎麼說呢？因為，要把創造力融入公司日常運作，效果才會出來，才能真正產生突破。那也許要在工作中訂出自由思考的時段，也許是舉辦週末實驗，也許是強調員工參與的重要性。

你是否具備創造力所需要的勇氣？

每個人都有潛力在職場增進創造力，問題是：我們敢不敢？美國心理學暨創造力研究學者羅伯．史登堡（Robert Sternberg）強調，提升創造力的第一要件，是你必須先下定決心：決定要展現創意。

當然，創造力還有某些先決條件，你要能判讀新局，要能以嶄新的不同手法組合事物，還要能推估這新品在現有市場或領域的表現潛力。當然，即便這些「技能」你都有，也不保證你就有創造力，也許你讓他人想出新點子；也許你沒辦法評估自己點子的好壞；也許你期望別人能自動來詢問你有什麼想法。史登堡認為這樣不行，你得下決心運用你的天賦，如同史登堡所說的：「你的點子可沒辦法自我推銷。你得幫忙推！」

從這個角度看，創造力不能缺乏行動。這麼多年，各方研究始終無法證實人格特質與創造力之間的關聯，創意DNA這種東西顯然並不存在。很簡單：要談創意，唯有根據創造出來的東西來談。你不能說：「我很有創意，只不過一直沒機會表現而已。」

有創造力的音樂家，能夠以深刻而嶄新的手法創造音樂；有創造力的設計師，有辦法創造出前衛的服飾、鞋子、汽車等。而一個人的創造力如何，則因產業性質有所不同。

砌磚工人的創造力可表現在砌磚手法，或建築方式的推陳出新；舞台演員要讓人見識到他的創意能力，必須透過角色詮釋，在舞台上散發前所未有的魅力。在傳統觀念裡，前者不會如後者般，理所當然地把創造力跟自己畫上等號，但兩者其實都需要不斷發揮創意，儘管途徑截然不同。而不管何者，若沒有這樣的決心，都無法真正具備創意。

史登堡說，我們可以決定要讓自己成為有創意的人。這是讓創意潛能發揮的第一步，真教人精神大振。你如果因這番鼓舞而立志成為有創造力的人，本書的目的就達到了：讓更多人——個別也好，團隊合作也好——積極改變自己所處的世界。

為何要以丹麥為例？

我們為何把焦點放在丹麥人及其創造的產品上？因為他們的創意過程中有許多地方值得學習。再者，基於地利之便，我們得以深入挖掘出讓丹麥長久立足國際創意舞台的關鍵。我們無意為丹麥式創意下一般性的結論，這些故事不約而同帶有某種程度的丹麥特色，尤其在團隊合作這個層面。在這個國家，任何組織研擬策略時，高層與員工之間溝通密切，這是一種強烈的丹麥傳統。此書想強調：這種密切溝通是創造力的溫床，最寶貴的知識得以上下暢通，而那正是創造重要事物的前提。話說回來，不管就個人層面或國家層面，我們完全無意樹立任何創意典範。要有創造力，你無須成為另一個蓋堡、雷哲畢或史登貝克，也不必跟哪個代表性的丹麥企業比擬。我們撰寫此書，是因為我們深信每個人都可以提升創造力——而這些創意家的分享，則有激勵我們的力量。

在二〇一二年三、四月間，一份針對五千名受訪者對創造力所持信念與態度的調查顯示，多數人同意：我們要更相信創意潛能。在日本、英國、美國、德國、法國各有一千名受訪者，大家都認為創造力乃經濟及社會成長的關鍵，但認為自己有創造力的不到一半，覺得自己有發揮這方面潛能者更僅占四分之一。受訪者認為，職場只不斷苛求更高的生產力，在工作上可發揮創意的部分僅占百分之二十五。這項調查顯示，日本是公認最富創造力的國家——日本受訪者卻不以為然。由此可知，對於創造力潛能，旁人跟自己的認定有出入；認為創造力是重要的，與實際工作場域對創造力的重視程度之間頗有差距。我們謹期盼這本書能夠填平這些鴻溝。

從事不同，事情就不一樣！

我們主張，一旦明白創意行事有哪些條件，我們就能夠做得愈來愈好。知道什麼是先決條件，下回就簡單了。勇敢去尋覓創造力的機會所在與最佳典範，自然愈來愈能展現出創意。訪談時建築師英格斯透露，每次展開一段創意過程，他其實無法確知結果如何，但不斷實驗各種創意手法的多年累積，讓他鍛鍊出一定身手，也帶來一定的可靠性。我們要像英格斯，不退縮地踏上眼前道路，融合過往經驗，抱持事情必然能成的氣魄與信念。

英國人類學者提姆．英格（**Tim Ingold**）深信：創造力，其實是我們對事物如何誕生到這個世界的一種反向思考。雖說創作可透過經驗不斷累積與系統化，我們卻無法忽視其中即興的面向，必須勇敢邁出腳步，四處探索。我們能大膽地踏上創造之旅，至於結果或詳細步驟究竟如何，卻不是我們能事先決定的。因此，那股起而行的勇氣絕對是創造力的關鍵。另一方面，你是否處於能夠孕育創意的環境，也相當重要。談到這兒，我們可以做出下列結論：

1. 只要敢於即興發揮、勇闖世界，任何人都能具備更強的創造能力。
2. 創造力在邊界時生命力最為旺盛。眾多受訪者談及他們將既有產品或概念重新設計、形塑的經歷，以及如何沿著專業及知識領域的邊緣摸索前進。
3. 創造的勇氣乃不可或缺。我們訪問的對象們重複強調冒險與犯錯——以及認錯——之必要。我們必須無視重重阻礙，一一突破難關，這股勇氣不啻為經驗帶來重要價值。如英格斯所形容，當你愈能相信自己與自己的判斷力，你就愈有「堅持下去」的勇氣。

4. 創造過程中，限制與盡情發想息息相關。有時，點子愈多意味出現好點子的機會愈高；有些時候，卻是你想超越既有的阻礙與限制。

就企業組織而言，一定要賦予創意明確目標，否則員工只會漫天空想；同時，還必須打造一種樂於冒險、鼓勵發想的文化。我們深信，個人與組織的創造力缺一不可。凡重視創新的企業，必定十分仰賴員工的創造力。這需要開放大度的領導風格，制定大綱後放手讓員工發揮，能信賴新的嘗試，有辦法將創新融入產品。另一方面，這也需要懂得判斷市場條件與機會，以及沿著既有產品邊緣摸索創新的能力。本書前半部的重心擺在個人，後半部則放在組織上。

說來說去，我們究竟該如何理解創造力？這個詞彙從何而來？

二 與時俱進的革新力——在邊界創意思考

決心要有創意，是創造力的重要動能。有創造力的人，可以容忍模糊與懷疑。他們克服阻礙，勇於冒險；航向汪洋，卻非瞎摸。但究竟我們說某人很有創意是什麼意思？而他要具備哪些能力？

啟動你的內在創造力

創造力（creativity）一字源於拉丁文的creatio，上溯則是creare，意味著「生產」（produce）。當代之前，人們相信萬物既經神力創造，有則有，無則無矣。換言之，我們不過只是透過神靈啟發，釋放出原本就具足的創造力而已。所以在一九五〇年以前，「創意」純屬宗教性質的思辨；「天才」或「幻想」，則等同於今天我們所說的創造力。「創造力不再屬於極少數，而是所有人的必需品。」米哈里．奇克森特米海伊（Mihaly Csikszentmihalyi）教授如是說。

即使有些人確實比較有創意，我們不能只讓這些人有機會發展。我們不再以為人類的創造潛能有限，同時，當代對科技帶來的可能性充滿信心，這為創造力的發展奠定了堅實基礎。多數公司尋覓有創意的員工——能帶來不同點子，且將其化為暢銷商品的員工。隨著丹麥的工作機會減少，主張我們需透過創意革新找出契機的聲浪愈來愈大。僅僅生產是不夠的，我們必須生產前所未有、與眾不同、真正獨創的東西。

這就是一九二〇年厄爾・迪克森（Earle Dickson）所做的事。他太太煮菜時經常被燙傷，所以他發明了OK蹦，最後成為美國嬌生公司（Johnson & Johnson）副總裁。電動打字機蔚為風潮時，貝蒂・葛拉罕（Bette Nesmith Graham）還只是個秘書，因為無法再用橡皮擦更正錯誤，她發明了立可白修正液。這靈感來自她對油漆工的觀察：漆錯時，再塗一層。貝蒂於一九五六年申請了專利。

二〇一一年夏天，在奧爾堡大學譚葛爾開的碩士班上，五名學生在一項專題報告中指出，根據他們本身擔任公部門經理人的經驗，創造力其實是由需求所驅動。無論你是想幫特殊孩童創造不一樣的教育方案、在人力緊縮情況下確保員工滿意度，或意圖在弱勢社區平靜安全地舉辦活動，放諸各情況皆準。而需求只是出發點，還必須有實際的理由、冒險的意願、讓眾人買單的能力，「發明」才可能成功。

多數人都認同，創造力的重要性遠勝以往。而創造力基本上和人的性格特質有關。我們相信自己的創意與存在是可以栽培的。英國社會學者理查・桑內特（Richard Sennett）多次著書討論當代資本主義，而在《新資本主義文化》（*The Culture of the New Capitalism*，二〇〇六年）當中，他強調：今日的員工若無法相信本身具備足夠的彈性與創意，勢必處處碰壁。對此我們深表認同。一方面，這讓個人擁有相當大的行動自由，卻也不免存在一定程度的風險：隨時保持充沛的創造力，能帶來革新的產品及組織，卻也容易造成過度損耗。

也因此，我們有理由探索那些饒富創造力的人究竟何以能創意不斷？那些新點子打哪兒升起，如何維持？碰到阻礙，如何擁有堅持不懈的勇氣？面對得不斷創新的現實，他們如何自處？

我們從訪問中得到一項主要論點：持續不斷的努力創造，正是重大創意突破的前提。思考無須太快，相反的，細細斟酌可能更好。你不能迫使創意出現，但可以為它鋪陳。我們得勇於衝破創意關卡——不管那意味著要學畢卡索一樣跳進浴缸，或像丹麥廣播公司前戲劇部主管蓋堡，為贏得艾美獎不惜脫褲。若不這樣，一味要求創意只會山窮水盡。

創造力是什麼？

在人生不同階段，我們對創造力或有不同認知。說到創造力，常見的解釋是運用想像、思考不同於常人、創造嶄新事物等。創意研究的看法也多半如此。這麼說或許失之簡化，但是一般認為的創造力，不脫下列三種模式：

1. 思考要豪放不羈、與眾不同。

2. 以創新為動能，如同社會靠創新推進。
3. 是一種透過適切表達，足以造成革新的神秘力量：以心理分析來說，創造力是穿透裂縫的光，是可以轉化為理性產能的性能量。

創造力是透過有意義的方式產出新事物，並不光是縱情思考或活力無窮。它也不等於社會動能，它是某些人從事新興事物的結果。研究創意理論，多以四個P為主軸：人（person）、過程（process）、產品（product）、環境（press）。前三者可各自為政，也往往緊密產生創意互動；值得注意的是，它們都需要一個能讓他們發揮創意的空間。換言之，產品本身有所謂「富有創意」，生產過程亦然。

沿著邊界！

多數研究創造力的學者主張，創造的核心為擴散性思考（divergent thinking）。意思是，你要能以全新方式看待問題，於混亂中理出頭緒，從反向觀察事情。

有些人借此主張說：創造力是「跳出框架思考」（thinking outside the box），我們不同意。我們認為創造力是「沿著邊界而行」。創造力是一種更新，先站在原架構邊際，深入探索後再加以拓展。當一道介於既有與創新產品之間的邊界冉冉升起，我們可以站在別人肩上，運用不同領域的知識和技能來發想，不被限制。我們並不踏出邊界之外，那只會讓我們惶然失措，那樣創造出來的產品恐怕會落得沒人想買的窘境。

精品品牌喬治傑生（Georg Jensen）最近再度推出拋光不鏽鋼水壺Koppel-kanden系列，負責重新設計此經典產品的湯瑪斯・萊克（Thomas Lykke）受訪時說道：「我們人類其實喜歡眼熟的東西——如果設計過於激進前衛，往往反讓消費者產生疑慮。」

與時俱進的大唐草

皇家哥本哈根（Royal Copenhagen）的大唐草（Blue Fluted Mega）系列餐瓷，正是沿著邊界維持美妙平衡的成功案例。這是設計師凱倫・吉爾加−拉森（Karen Kjaldgard-Larsen）二〇〇一年的作品。

唐草系列的歷史，可回溯到一七七五年，哥本哈根設立了第一家瓷器工廠。當時，中國正大量生產青花瓷，德國也有令人激賞的成果。財務上，丹麥皇室鼎力支持，挪威——時為丹麥屬地——正巧也發現大量鈷藏。實際上，二〇〇一年的大唐草系列不過是原始設計的擴大版，涵蓋了原創及熟悉兩種元素。大唐草系列只是與時俱進，既能打動年輕族群，又保留了丹麥歷史傳承的尊貴感。

大唐草系列站在昔日設計的肩上，卻也沿著邊界不斷前進，臻至全新境界。丹麥工業龍頭丹佛斯（Danfoss）亦然。二〇一一年四月接受《映射》（*Refleksion*）雜誌訪問時，執行長尼爾斯．克里斯汀森（Niels B. Christiansen）指出，產品若無法獲得消費者認同，贏得再多創新獎也毫無意義。因此丹佛斯始終聚焦核心產業。要想革新與創意雙贏，最好是在全球市場已占有一席之地的領域，而非跑到陌生市場浪費力氣。

僅僅與眾不同並非創意，創造出來的東西要有價值才行。這也是為何我們強調要沿著邊界走，不要一味地跳出框架思考。此外，沿著邊界緩步移動這個意象，還令人聯想到一些創意所需的正面特質，像是：走在邊界上的勇氣，站在邊界俯瞰——而不致於墜落。僅致力於突破常規式的思考並不足夠。有創意的點子還要能夠感動他人，讓人興起擁有的衝動。所以說，能以嶄新手法重新組合的思考力儘管重要，但創造力包含的不止如此，情感層面也很重要，要能夠撼動他人。

由此，我們要鄭重強調一個關鍵原則：創造力需要專業知識。唯有當你熟知一項傳統時，你才有辦法加以改革。或許很多人以為，創造力本身就足以開花結果；實際上，若沒有值得思索、或作為出發點、或作為自己核心的某個東西，那麼所謂的擴散性思考、走上邊界的勇氣等等，都只是鏡花水月。創造力不僅在於創新，更在於有意義的創新，因此專業知識絕對不可或缺。

換言之，當你把腳本記得滾瓜爛熟，你才有辦法在台上即興發揮。這一點，即將在各個訪談中陸續獲得證明。

表現專業，才有機會

丹麥皇家劇院前劇院經理，現任丹麥廣播公司暨奧胡斯大學董事長麥可，剖析自己之所以能夠從容領導為數眾多的產品開發流程，就是因為他對相關領域的努力深耕。「身為劇場經理時，每年我都會利用私人時間去看一百二十場舞台劇跟四十場歌劇，」他說：「因為我希望不管在劇場裡碰到導演或任何人，對方都會覺得跟我講話很有意思。」

晉身世界一流DJ的丹麥小子肯尼特．貝耶，十七歲便隻身跑遍日德蘭半島上所有狄斯可舞廳，看盡各家DJ的音樂控場風格。「有那麼點兒學院派作風啦。」他自己這麼形容。包括外表裝扮在內的這些學院派技巧，就是新品質與內涵的出發點。如俗話所說：沒把樂器玩好，別想即興演奏。一旦你把運球練得爐火純青，上了場，自然能展現各種不可思議的身手。

還有，別以為你可以自己搞定一切。全球著名的丹麥足球員麥可．勞德魯普（Michael

Laudrup）能有今天，要感謝巴塞隆納整個團隊的運作，與得以負擔全體球員的財務資源。丹麥建築師英格斯談到他成功的一個重要因素，是他為公司聘用了技術、行政和財務專家，自己才得以投身大型競賽並一再獲勝。

創意團隊，通常是各種技能的交互作用。沒人得一直做同一件事，也沒人非得在極短時間內發揮創意不可。就像英格斯說的：「我們公司的執行長，是那種一看到財報獲利就眼睛發亮的人。我不是那種人，但我很清楚，那種對焦能力絕對是我們完成專案所必備的。」

你得確保你能滿足各方面的需求，即便有些地方你不擅長。而這正是某些創意人出錯之處。克里斯・比爾頓（Chris Bilton）在他出版的《管理與創意》（*Management and Creativity*）中說到，藝術教育極少提供財務相關課程，實在是很弔詭的一件事。原因出在我們常陷於對立思考：創意屬於軟性，財務是硬性；情感乃一回事，理性又另一回事；總讓心靈與身體相對。

這種將世界一分為二的思考，存在很大的問題。創意也是扎實生意，而財務也不脫情緒：房地產跟股市泡沫化，正是人們非理性不斷追高的結果。因為這種二分法，我們無法善用創造力。如果請教英格斯，他應該會說：「創造力無法自己開花結果，除非我們懂得先管理好必要情境——包括財務面。」

孕育創意的突破

創意絕非坐等靈感憑空而降，也不是瘋子似地面對電腦苦幹不休。丹麥藝術家約．萊斯說，他總在為創意尋覓最好的可能狀態。冬天，他住國外，每天早晨寫作時，他會沿著海地北邊沿岸峭壁散步，而每個晚上，不寫出好句子他不停筆，這樣翌日才好繼續。據說愛因斯坦最棒的概念總在刮鬍子時出現，而畢卡索是泡在浴缸中揣摩出立體派。換言之，每天工作中的小休息，其實是創意過程中的重要環節。

傳說畢卡索追求完美，不斷在隨身小本子上做筆記、為最好的成果畫下上百次素描。也就是說，他不僅善於突破，更善於做好事前準備，讓這些突破水到渠成。筆記本對創造力的重要性，萊斯也有提及。

那麼，我們要如何有效獲致這樣的創作突破？解答之一：你必須進行某件與手邊工作截然不同、且能帶來嶄新體驗的事情。當你在電腦前搜索枯腸，就該起身散個步或做其他事情。就組織層面來說，企業與公部門應思考一個問題：如何安排工作，好讓負責創意的員工有最大發揮。也許應該獎勵每月最佳創意，或年度好點子——如同克里斯汀森在公司採用的。如果你想由本書的實證基礎出發，可別忘了聽取其他部門甚至業界創意思考者的意見。英格斯說他一直虛心尋覓各種不同靈感。史登貝克與萊斯，則從周遭各種資源汲取經驗，進而置入自身創作。

我們要營造多樣的環境，跨越各種邊界，並培養自己跳脫規範的衍生能力。如此不時忘卻已知，便能自在探索嶄新境界與機會。

理性的持續努力

創意突破、持續努力、冒險意願，這三者是創造力的基本要素。我們強調創造力並非憑空而生，不表示我們得瘋狂地努力。反之，我們應該要理性地努力。

克勞斯・布爾（Claus Buhl）在其著作《天才》（*Talent*）中，敘述瑞典心理學家艾瑞克森（**K. Anders Ericsson**）針對柏林音樂學院小提琴家進行的一項研究。艾瑞克森旨在了解：最優秀的小提琴家是否天賦異稟？研究顯示並非如此。他們能有今天，與苦練有關，加上良師益友們的指導協助。這些小提琴家懂得尋找能將他們往上推，幫他們進入學習境界的高人。那無關乎多少小時的苦練，關鍵是正確的練習艱難有挑戰性、能幫他們更上一層樓的曲目。

透過讓小提琴家們寫的日記，艾瑞克森還發現另一件有趣的事：這些頂尖小提琴手們，全都有午睡習慣。何以如此？因為，一次幾個鐘頭的練習非常累人，這個小小停頓，能帶來更多能量與平靜，讓他們重新聚焦，保持客觀。想富有創造力，強逼自己努力並不正確，應該要以理性的態度努力。

結論

本章我們主張：探索邊界能激發創造力。而透過每日適時休息、合理的工作習慣、挑戰既有行事方式的勇氣，使我們有機會沿著邊界前進。雖說多數探討創意的文獻，以跳出框架思考來形容創意，我們卻以為：要產生創意，得偏離既有的事物，卻又不是完全脫離。

三——準備好了嗎？前所未有的創意人時代來了！

研究創造力的美國學者保羅・托倫斯（Paul Torrance）曾於一九七二年寫道，創造力乃是「人類受某種強烈需求所驅動的自然活動」[1]，多數讀者應該都會贊同。必要時，我們的創造力就會展現。基於此，身為世界公民的每一個人都可以發現：我們正面臨一個前所未有、發揮創意的大好時代。人類從未經歷如此龐大的種種問題：金融混亂，氣候變化，人口總數不斷迅速攀升，甚至戰亂四起從未停歇。探測需求所在、發覺創意可能性的機會，可謂史無前例。然而，該怎樣才能擁有發揮創意的熱切及需求？

訪問對象中，史登貝克最明確點出熱忱——或一股強烈衝動——是引爆創造力的基礎。史登貝克是「我們熱愛人類」（We Love People）廣告公司的創意總監，公司設在哥本哈根。他為某家行動電話客戶製作的系列廣告——來自斯內夫小鎮的保羅（Polle from Snave，斯內夫是丹麥芬島[Fyn]上一個小鎮）——在全國掀起熱烈回響，進而拍成一部劇情片。丹麥天團水叮噹的影片也是出自史登貝克之手，他也為豐田汽車拍攝了瘋狂的「112%」廣告系列。驅策史登貝克的，是逃離偏遠家鄉到大都會闖蕩的渴望。「我就是想離開那個小鎮，」他說。換言之，這是個結合受苦與夢想的故事，是安徒生童話的真實版。

我們與史登貝克的訪談在V1藝廊進行。V1所在地的前身，是哥本哈根肉品加工區的老肉鋪行。我們坐在霓虹燈下聊天，藝廊老闆不時從地下室將翌日即將展出的畫作一一取出。訪談結束後，我們轉到漢丘伍（Halmtorvet）地區一間提供便宜啤酒的酒吧續攤。

以安迪・沃荷為師

史登貝克說到他孩提時代的夢：變成像安迪・沃荷那樣。想像自己成為另一個人、夢想自己活在另一個世界，這成為他的動力。史登貝克的父親在學校圖書館工作，讓他隨時可借到書籍或漫畫，以通往想像世界。他活得與其他芬島南部的男生不同，別人喜歡踢足球、喝啤酒，他則滿腦子天馬行空，喜歡紅酒、塗鴉、搞校刊跟校內電台，而跟他一塊做這些事的好友克勞斯・史克特（Claus Skytte），現在是「我們熱愛人類」公司的合夥人與策略長。這樣的成長方式讓他體會，瘋狂的想法可以長到多大。

這段兒時友誼如今成就一番事業，兩人在廣告業打滾了二十年後，於二〇〇三年成立「我們熱愛人類」。他們擁有許多大客戶，包括丹麥廣播公司、Falck、Tryghedsgruppen、Danske Spil、Nordisk Film、Coop等。他們專注拍出宣傳力強又有劇情的廣告片，使消費者沉浸在他們所創造的世界裡，「來自斯內夫小鎮的保羅」席捲整個丹麥，讓人想到手機時都忍不住微笑。

史登貝克認為這一切是從艾可公司（Ecco Corporation）老闆讓他在內部成立廣告部門開始。他說：「執行長非常年輕，又很敢放手。」於是，在這個充滿信賴與安全感的環境裡，他可以為所欲為。話說回來，能打造出這麼多精采廣告，背後究竟還有什麼？

就史登貝克來看，關鍵在於他熱愛他的工作：「我深愛手邊的每一個案子。」不只案子本身，還有客戶。史登貝克對每一個人及其怪癖都有著深切熱情。可能就是這股熱情，讓我們能在他的廣告中看到自己，而不以為那只是出於銷售動機的操弄手法。

史登貝克說明其創意過程：「某件事情起了頭，接下來就是不斷地埋頭苦幹。」他強調，自己一直努力把每件事變成遊戲，恐懼是最大敵人，他善用自己的好奇與開放。遊戲是基本要素，苦幹是根本前提，史登貝克不斷嘗試說明如何平衡這兩者。「以前我不喜歡上學，成天鬼混。好在，我喜歡的事後來還挺有用的。」

還有一個要點：廣告必須有效。「我們解決人們的問題。這個時代，人們要一針見效，而這得從一開始就費很大工夫，接著要設法搞笑，提高曝光，贏得消費者喜愛。」

要達到此目的，史登貝克說：聆聽最重要，然後再串起線索。接著，史登貝克——作曲家也是他的身分之一——借用音樂來闡釋：「整合所有線索，就好比即興演奏，所以我到處蒐集精采的細節來發動劇情。我以資訊為基礎，選定某一點開始發展，再把所有東西整合在一起。」史登貝克不僅認為這種取樣整合（Sampling and Synthesization）是一種創作技巧，也認為那是他們這一代的特色：「我們屬於取樣世代。找答案不必從頭開始，取樣即可。不懂這麼做的話，那可沒完沒了了。」

所以，創造力有些部分或許跟世代有關。史登貝克覺得，在今天這個世界，你無須什麼都從頭做起。但這究竟是否成立？從我們的訪談來看，取樣這觀念確實多次被提及，因此，我們可能面臨一種當代現象——具體名之，一種取樣式的創造力。

「保羅故事的概念是我在哥本哈根奧爾斯泰公園（Orsted's Park）時想到的。當時我腦中浮現一個名叫索爾瓦的傢伙的故事，我想拍成短片，影片顧問卻直截了當地阻止說：『沒人會想再聽到電影裡講方言了。』我只好把念頭先擱在心裡，直到索諾芬電信公司（Sonofon）執行長布洛（Ulrik Bulow）來找我。他們想拍部廣告，在裡頭創造出一個像迪士尼鴨堡那樣的獨立宇宙。當然啦，裡頭的人會是首先使用手機的一群。一切就這麼展開了。」

所以，點子或許在那裡，但周圍可能阻礙重重。如果要從史登貝克的故事學些什麼，那大概會是：創造力必須有適合的基本材料、渴望創造的強烈動機、懂得取樣的技巧，以及往外探索、擁抱一切創造契機的意念。關於保羅的影片儘管一開始被潑冷水，終究得以實現，因為史登貝克並沒有就此放棄這個念頭，他在心裡繼續醞釀，直到天時地利人和俱全，碰到讓此夢想成真的貴人。

史登貝克且善於自所有可用的概念取材。透過後現代拼貼手法，他嫻熟地取樣，置入自己的創作。他說，關鍵在於要能夠找出那尚未被理解的——他人曾想過，但還沒預期會看到的東西。「那是最美妙的一刻，」他說。史登貝克的故事還有一個重要元素：他深愛自己的工作。「我們熱愛我們所做的事及服務的對象。可以說，這就是我們的註冊商標。」

當一隻有創造力的黑天鵝？

史登貝克的故事之所以那麼引人入勝，有幾點原因。跟此書其他幾位受訪者一樣，成功的創意人似乎都深愛自己的工作，都談及自己如何地投入讓他們情有獨鍾的領域。史登貝克有《安徒生童話》裡那隻黑天鵝的影子：生在一群鴨子裡努力尋找自己的身分認同。我們該如何從較廣泛的角度來解讀？

捷克裔美國心理學家奇克森特米海伊，也曾訪談過多位知名創意人後寫成《創造力》（*Creativity, Flow and the Psychology of Discovery and Invention*），是有系統地揭露創造力的重要作者。該書受訪對象（共九十一人）遍及藝術、文學、學術研究各領域，每一位的創造力皆為其專業領域所推崇。換言之，這本書屬於回溯型研究（retrospective investigation），跟我們的書寫類似。很簡單，因為你不可能去研究還不存在的事物。想探討所謂創造力，不免得透過已經存在的實例。

奇克森特米海伊的研究顯示出一項特性：這些受訪者都陶醉於自己投身的領域。他們表示名利不是動機，純粹是投入所帶來的滿足感讓他們樂此不疲。他們無私地付出一切，有時沉醉其中而無法抽離。

之前，奇克森特米海伊曾研究過所謂「忘我」（flow，即全神貫注某事而渾然不覺）這一概念。這或許正是創意人全心工作時的狀態。他訪問的對象往往也是設法讓自己處於適當環境，他們善於建立人脈，深知僅憑一己單打獨鬥是無法成功的。許多受訪者提到，自己終於爬到一個位置，恰逢其時地享受到前人打下的基礎。史登貝克也十分強調此點；他在對的時機，同時獲得了支援與揮灑空間——他與時代精神相呼應就更不用說了。

奇克森特米海伊的訪問對象們指出，擁有創意的先決條件之一，是要嫻熟專業領域。這些創意人有幸與前輩大師們共事，讓他們萌生改革的欲望，甚至加以推翻。除了天時地利，你得有適當的想法——因此，時機或實際動機，都是創造力的關鍵成因。如果無法獲得賞識，創意根本無立足之地。也就是說，你得竭力設法贏得矚目。丹麥名設計師路易·坎貝爾（Louise Campbell）獲得《丹麥設計師》（*Danske Designere*）選進設計名人堂時，年僅三十七歲。他接受《日德蘭郵報》（*Jyllands-Posten*）專訪時一語道破其中艱辛：「從設計學院畢業，根本沒人甩你——一點兒用處也沒有。十個設計概念中，最多一個存活下來。這個產業冰冷殘酷又刻薄，你不斷受到鞭笞，也難怪一大堆人受不了而斷然求去。」

能被公認富有創意的點子少之又少，有辦法獲此成就者，勢必要能夠克服重重阻礙，以及不時困擾他們的財務問題。

而抗壓性並非一切。史登貝克說他必須逃離芬島南方小鎮奔向大城市——或者說，到一處他可以自在呼吸的地方。奇克森特米海伊也談到創意與「充滿創意之處」的關聯，因為他從系統化的角度，認為創意是一種相關的概念；以技術性來說就是，與其說創意是個人具備的內在心理素質，毋寧說是存在於人、時、地之間的一種關係。

他舉例指出，一四〇〇年至一四二五年時期的佛羅倫斯，便是一處充滿創意之地。人人充滿超越他人的野心；羅馬建築技巧已然問世；梅迪奇（Medici）家族與銀行勢力使得資金橫溢。梅迪奇家族從各方吸納無數的藝術家、作家等創意人才，恰好與日趨旺盛的商業社會相呼應。大家不斷打破常規，討論彼此的概念，浸淫在一切可能的靈感來源，後世所稱的梅迪奇效應於焉誕生。彼時的佛羅倫斯，亦被後世視為文藝復興的溫床。此間誕生無數奇才，最負盛名者為達文西——既是藝術家、科學家，也身兼發明家與哲學家。

奇克森特米海伊的假設是：有創造力的組織或公司，多半善於整理知識，使員工得以輕易擷取或彼此交換。例如，讓不同的專業小組並肩合作。稍後，我們將在介紹樂高玩具及撼魔運動時尚公司時談到此點。這有助於知識取得，確保研發中商品獲得廣泛支援。據奇克森特米海伊的看法，當今許多企業一擲千金試圖提高員工創意，激發他們提出各種想法，但同時間，若沒有盡力促使內部交流且聘用專家負責督導，恐怕只是白費力氣，反造成公司裡不同立場之間的緊張關係；又因為客戶存疑或市場表現，而無法投資在對未來真正重要的事情上。

奇克森特米海伊也為他所謂「有創意的人格特質」做出定義，描述了創意人的某些行為模式。我們以這份清單作結，它不僅可讓我們學到許多，也確實點出史登貝克如此有效能、富創意的關鍵。

1. 充滿活力，願意長時間、全心全意投入工作。
2. 具備高度認知能力卻又保有天真，喜歡一頭栽進工作，並常對他人視為理所當然之處提出挑戰。就奇克森特米海伊來看，這些人有擴散性思考的特質，雖說有部分難免因為太容易成功而失去好奇。
3. 有良好的直觀與評價能力，可以分辨點子好壞。
4. 受訪者談及他們常擺盪於遊戲與認真工作、負責與不負責之間。大部分時候處於玩樂狀態，會不計後果地冒險行事。
5. 有絕佳想像力，又對現實有清楚認知。正因了解現實需求，得以創造出新事物。
6. 既外向也內向，會主動建立人脈，也能單獨工作。
7. 既謙虛又驕傲。了解自己是站在他人的肩膀上，也深知自己有獨特貢獻。追隨前人的腳步，甚至繼續發揚光大，假如目中無人，將無法投身任何事情。
8. 兼具男女特質的雙性者，或生活方式同時展現陰柔與陽剛特性。
9. 既叛逆又依賴。從他人身上汲取靈感，卻也必須有足夠的叛逆性，才能打破傳統，建立個人風格。
10. 能平衡熱情與客觀。全力投入工作的同時，也能自我批判，了解自己的局限。

11. 對於批評極為敏感與脆弱。這種強烈情感也投射在創作上。那些仰賴藥物的藝術家便是以此方式與世界連結，藉由酒精或毒品來擴大自己的敏感度，刺激創意。

接下來，我們將透過思考英格斯革新建築思維的內在驅力從何而來，進一步檢視創意人的人格特質。

註1：托倫斯乃開兒童創意測試之先河，其測驗至今仍為人沿用。他相信創造力可以傳授，指導孩童擴散性思考，不斷給予激勵，並在他們展現出創意時給予獎勵。我們在第十七章將進一步探討透過學校推展創意的可行性。

四

建築人英格斯：找到一個能四處探索的地方，然後擴展！

在丹麥及國際建築界，英格斯有如一座燈塔，穩穩矗立。無論是布理格群島（Islands Brygge）的博斯港再造案（Harbour Baths）、烏列士特登新市鎮（Orestaden）的VM住宅，或是把小美人魚雕像從哥本哈根搬到中國參加二〇一〇年世博展，背後主事者都是他。而最近，英格斯與BIG同事們又接連贏得幾個大案子，如：為哥本哈根阿邁厄島（Amager）蓋一座新的大型焚化爐、在格陵蘭努克市（Nuuk）建國家美術館、為芬蘭打造永續建設系統及為瑞典斯德哥爾摩市搭起一座大門等。他獲獎無數，其中包括二〇一一年「王儲夫婦文化獎」（Crown Prince Couple's Culture Prize）。

我們在二〇一〇年某個九月天，去BIG位於諾里布市的公司拜訪英格斯。訪

談氣氛輕鬆活絡，英格斯渾身是勁，肢體語言非常豐富。他說，渴望驅使他不斷突破自我，致力將丹麥建築推上國際舞台——換言之，出於一種打造龐大建設的渴望。「每個男生都會夢想蓋個不可思議的超巨大建物吧。」

接下來我們將看到：渴望、意志，如何跟創造力結合在一起，並探討英格斯為紐約曼哈頓打造一座摩天大樓的故事。而在深入這個具體案例以前，先讓我們試著解釋這種驅動創意的熱情，及其對創作重要的原因。

激發潛在的創造能量

美國學者泰瑞莎・艾默柏（Teresa M. Amabile），畢生專注研究創造力條件，尤其著重於驚人的熱情及能量，她稱之為「內在激勵」。簡單說，就是當你從事熱愛之事時所升起的能量。在她刊登於一九九八年《哈佛商業評論》（*Harvard Business Review*）的一篇文章裡，她以「當知識、創意思考（從嶄新角度看事情）、動機達到最佳交互作用時，創造力便油然而生。」總結自己的研究。

艾默柏說，我們必須確保員工能隨時取得正確的相關知識，讓他們能有創意地思考，讓他們的表現超出期待。就這點來看，管理者如何激勵員工就絕非小事。以某種獎勵作為誘因，應該足以激發員工達成設定目標；但若冀望員工有出人意表的成績，就必須給他們自由發揮的空間，設法讓這些挑戰本身及探索過程充滿樂趣。

衡量員工的表現，可能會產生一個問題：扼殺他們的創造力——這我們已經知道。若想設定遠大的新目標，就要有空間容許員工以創意探險，一味埋首於既有事物是不可能有所突破的。

愛默柏在這篇文獻中，也為組織點出鼓勵創意之道：

1. 積極地挑戰員工。
2. 讓員工有自主工作的空間，目標設定上如果做不到，至少過程上必須如此。
3. 提供豐富便利的資源。
4. 盡量讓所有團隊涵蓋不同專業。
5. 為創意過程提供管理上的協助。

建築天才的創世紀

英格斯說他的成就來自想蓋龐大建築的渴望。我們問及他的工作模式，他說，其實一開始根本沒有這種計畫。「我往前推進人生，回頭才了解那是怎麼回事。」他借用了齊克果名言。他的動力主要來自強烈渴望——而非縝密計畫。有渴望，你自然會加倍努力。如英格斯所言：「剛開始，董事會也想弄個五年計畫，可是等目標達到，我們卻無從確定那是不是我們想要的。」不過，他也強調經驗值的可貴：「每隔一段時間回顧，便可看出某些規則，那讓你未來做判斷時有所依據。」

創意無法預料，問世後你才看出它的樣貌。人類學者英格及伊麗莎白·海倫姆（Elizabeth Hallam）為文提出：「革新」（innovation）指出規畫好的改革過程，「創意」（creativity）則是從回顧角度理解某樣東西如何開展。

我們必然先對某樣創意有經驗，才可能逆向探討其誕生歷程。正是這種體驗與回顧，為英格斯帶來了信心與前進的勇氣。另一方面，他也說他經常「在還沒動手以前大談某樣事情，當深陷其中難以自拔時，就是時機到了。」換言之，語言能夠賦予事物生命，從而激發創造力；因為話一旦出口，就等於出了牌，沒有回頭的餘地了。

丹麥建築師和他的全球建築作品

英格斯在二〇〇五年成立ＢＩＧ建築師事務所。在這之前，他曾於二〇〇一年成立

PLOT事務所，在二〇〇四年威尼斯建築雙年展拿到金獅獎後解散；當時得獎項目是最佳音樂廳，競爭對手包括扎哈．哈蒂（Zaha Hadid）、讓．努維爾（Jean Nouvel）等世界級建築大師。更早階段，他在鹿特丹跟隨雷姆．庫哈斯（Rem Koolhaas）工作，打下務實取向的設計風格。PLOT時期，戰果包括布理格群島的博斯港及烏列士特登新市鎮的VM住宅。

丹麥《政治報》（*Politiken*）一篇題為「一再撼動世界的建築人」的人物專訪，將英格斯描述得魅力無邊——確實，專訪照片裡的他，嘴角一抹揶揄微笑。文章不僅談及英格斯的設計天分，也特別強調他以生動故事闡述設計理念的能力，且預料他將成為本世紀丹麥最傑出的建築師。

英格斯以跳脫傳統及饒富創意著稱，這在二〇一〇年他將小美人魚雕像跟一堆自行車送往中國上海、作為上海世博丹麥參展品時達到高峰。YouTube上一段有關這些腳踏車的影片，引起紐約某知名文化中心總監的注意。懂得把美人魚跟自行車巧妙融合的建築師，正是她想要找來設計新建物的人。《快速企業》（*Fast Company*）雜誌曾列出全球百大創意人，當中不僅有英格斯，還以漫畫形式——就像英格斯自己的著作《是即是多》（*Yes is More*）——登出篇幅頗長的專文介紹。

在《快速企業》的漫畫中，英格斯提及：「當你留意到衝突或兩難時，就表示你找到了，你可以從那兒展開。」而要讓兩難及衝突化為創作動力，就必須對抗反對勢力，且透過嶄新手法來整合事物。英格斯有了VM山丘住宅的點子後，最終發展成一個城市中的住宅區，完美將綠色住宅與停車設施融為一體。而在另一個8字形住宅建案（8tallet）中，他把一個計畫社區蓋成住宅積木——空中俯瞰，形似阿拉伯數字8。

位於曼哈頓的新建物，則是摩天大樓與哥本哈根住宅積木的合體。這種不陷入抉擇的能力——住宅或停車場、摩天大樓還是住宅積木——就是創意。接著我們再進一步了解英格斯何以能做到這些。

奇才的求學過程

英格斯還在唸書時便成立了建築事務所。十八時進入丹麥皇家藝術學院（Royal Danish Academy of Fine Arts）就讀，他感到十分無聊：「或許我還太年輕了。」學校位於國王新廣場（Kongens Nytorv）[1]的豪華建物中，把學生和外在城市隔開，於是英格斯跟幾名同學把時間投注於建築研究文獻上。在此之前，英格斯對建築一無所知，家中也不曾出過建築師：「其實我很想畫漫畫，所以藝術學校有那麼點兒吸引力。」結果，他汲取了建築業的歷史傳統，可以說是一手把自己送進這一行。

回頭看，英格斯也不明白該歸咎自己或哥本哈根。沒唸多久他就跑去巴賽隆納求學。他們就讀的建築系屬於技術學院，英格斯認為這比較合理。「你可以選修任何精采科目，有些教授非常了得。那個體系比較美式。老師向學生推銷他準備的課程，選擇權握在學生手中。老師得費相當工夫備課，否則根本招不到學生。」

英格斯深受該校影響。他選讀一門建築與超現實主義，因而大開眼界，發現建築不僅攸關設計，更涉及整體社會與科技變遷。直到今日，英格斯一直將此奉為創作圭臬。他觀察都市空間與景觀的各個元素，不斷試圖將設計與既有條件融合、相加或擴展。

但沒多久英格斯就休學了，因為有位同學贏得哥本哈根大學阿邁厄島校園設計資格。「所以我們就在那兒成立建築師事務所，開始玩真的了。」

打造創作殿堂

現在，英格斯是BIG建築師事務所的合夥人之一，這家擁有百餘名員工的大型建築集團，在紐約及哥本哈根都設有辦公室。我們是到哥本哈根諾里布市的辦公室進行採訪，那兒使人想起工廠的舊時模樣，天花板管線畢露，散發著明亮、開放、勤勉及國際化的氣氛。當中許多年輕建築師來自國外，耳邊響起各種語言的交談，說明了這團隊的多樣化。

在紐約崛起

訪談中，英格斯不斷強調，因為僱用有擔當的員工，他的創意王國才得以大展鴻圖。前不久，他剛將一群資深員工升為合夥人。公司的財務與策略交由女執行長席拉·索加（Sheela Sogaard）統籌；行銷方面則由一位業務拓展專人負責。「這樣我就有時間工作，能真正專心在設計上。」因拿到丹麥藝術協會（Danish Arts Council）的三年研究經費，他剛遷居到曼哈頓，每週在哈佛教一堂課，還在寫一本——套他自己的話——有關建築的「冒險小說」。

英格斯說，這趟曼哈頓之行是有意安排的，好讓新合夥人有較多自主空間，他也可以趁此休假，到美國教書、寫書。只是，這計畫沒持續多久，注意他多時的美國建商得仕（Durst），找他合作蓋一座摩天大樓。

英格斯說，整件事說來話長。簡單講，有一回在討論永續建設的座談會上，他毫不客氣地批評得仕蓋的建物。這促使得仕建築師們參觀了一場BIG展覽，最終現身BIG哥本哈根辦公室，邀BIG參與紐約市一塊四千平方公尺的建案。此案後來衍生為曼哈頓摩天樓計畫。

然而，機運加上他人青睞，尚不足以成事。英格斯認為，美國擁有三億人口的內需市場是重要因素，其中潛藏的爆發性成長，實非丹麥內需能望其項背。再者，紐約這個城市也深深擄獲了英格斯：「它充滿了有意思的人，也容易碰到大師。我常在晚餐時遇到某個足以在建築史上留名的人物。我想，這算是一種職業野心——把自己放在一個能四處探索的多元地帶。」

英格斯點出了我們認為相當重要的創作突破：當你感到乏味，需要更多靈感時，你得展開行動，堅定地朝創意匯集地走去，讓自己更靠近頂點。

追求極致專業，引發重大突破

英格斯說，他一直認為自己是非常投入的人，然而會成為建築師，則是自己職業上的野心所引發的連串機遇——雖然，他偶爾也需要有人幫忙執行某些事。文化心理學者維拉・格列夫鈕（Vlad Glaveanu）稱此現象為「我們創意」（we creativity），他也特別指出，多數針對創造力的研究，都忽略了集體所成就的力量。

與建築熱愛者對話，對英格斯產生極大影響。他會去曼哈頓純粹是因為他想去：「那兒太有趣，我就去了。」內在動機是很基本的驅力，另一方面，也不能忽略幾個因素：他公司的規模足以接下這樣的案子、他有合夥人、他有辦法吸引年輕有才的建築師，以及他還聘請優秀的執行長。全部因素加起來，才得以讓他在紐約展翼。那筆三年的研究經費，也是促成他在紐約成立分公司的一大助力。

碧玉（Bjork）與格陵蘭博物館

醞釀創意時，外在條件具足很重要。你得在正確的位置接到正確的案子。不受禮俗制約、不在乎他人眼光及有重新出發的本錢與勇氣。這正是英格斯離開家鄉舒適圈，到美國從零開始時所做的——他這麼做是因為他做得到。舉例來說，他在二〇一〇年世博會的成功展出，吸引每日三萬以上的參觀人次，上傳到YouTube的影片也引發熱烈討論，從而促使事務所接到全球各大建築設計案。此外，請到一位喜愛數字、在營收控制方面頗有想法的執行長，無疑對健全財務相當重要。

整個訪談過程，英格斯再三強調創意絕非憑空而生：「你會一直碰到這種想法：『你知道嗎？不需要自我設限，儘管發揮創意，事後我們一定可以找到它的用途。』這可行不通，因為那只會讓你浪擲時間在錯的地方，或拚命做一些根本不可能的事情。」

掌握的元素愈多，工作流程就愈扎實。英格斯稱之為「參數化設計」（parametric design）。「比方說吧，目前我們正在進行格陵蘭國家美術館的建案。自治以後，他們需要一個展示格陵蘭藝術的博物館。所以我們就問：『關鍵元素（Key Criteria）是什麼？』自然是以文化藝術作為政治工具，打造一有別於丹麥的國家認同，同時也展現北極圈文化重鎮的特色。當然，也要表現出努克的都市風味，努克幾乎是一夜變身，當年的漁村如今是世界最小自治區。所有居民都開車，這博物館也必須提供聚會功能。當然也得顧及社會的多元狀況：一成八是丹麥裔，八成二是格陵蘭裔，實際上不說丹麥話的人占大部分，但又有很多地方光靠格陵蘭語是不通的。所以，我們嘗試把這些關鍵元素全部納入。」

英格斯說，關鍵元素很重要，否則人家會要求你創造出一大堆東西，結果你沉溺其中，到最後作品失去焦點，變成以建築師為主。憑藉既有的關鍵元素就好辦多了，以它們為核心，融入建案精神，再把事務所的能耐放進來。此時，建築師就像個接生婆。英格斯的創意過程基本上是依據對各個現象的觀察，以及對關鍵元素的確認。這些可從周遭生活中挖掘，或業主直接挑明；之後，這些元素就成為整個創意發想的資源。

英格斯第一次領略到，要探索現實結構、避免一味創造不同，是孩提時代有一回在電視上看見一個介紹碧玉的節目。他崇拜的這位冰島歌手，隨身帶著一個盒子，蒐集她從周遭事物所擷取的樣本。後來他在丹麥皇家藝術學院碰到一位教授，也如此教他。從此這成了英格斯的習性：由觀察取樣，找出關鍵元素。此外，音樂、電影、科幻故事等各種不同面向，也都是他取材的範圍。英格斯如此具有新意，因為他的領域本來就在鑽研一些尚未存在的事物概念，但他同時也在現存的架構裡運作——與史登貝克在前一章所描述的吻合。

隨著訪談進行，我們所相信的「沿著邊界前進」的概念也清晰浮現。你不必從外面著手，而應該先找出既有標準。英格斯的創意非關漫無邊際的想像，而是從確切的某處開始，搜尋其主要標準，盡可能找出各種起點。唯有做完這些功課，他才鎖定方向，全神貫注。當然，如果難度太高，建商沒興趣投入，那樣的設計也毫無意義，所以，現實上的可行性要及早掌握。

英格斯對所謂頂尖概念沒什麼興趣。對他來說，創意並無神秘可言，各種新點子本來就蘊藏在既有中，在世界的各種形式裡，在周遭的所有物質中。一切早已存在，如何發覺才是門藝術。不過，發現創意的過程也可說是出於某種程度的迫切性。就如英格斯所言：「若非明白生命有限，我們大概也不會花這麼多力氣來創造東西。」

在曼哈頓看到哥本哈根大樓？

當我們開始討論到曼哈頓建案，英格斯興奮地拿出電腦，展示這項設計開始以來的系列照片。此建物位於上西區（Upper Westside）中央公園底，可眺望哈德遜河公園。英格斯形容這個區域：「有點兒像地獄廚房區（Hell's Kitchen）[2]，到處都是這種褐色砂石建築。」典型的紐約風格。業主想在該區打造一棟摩天大樓，三年來都在等市府核准，直到在哥本哈根一場建築座談會中遇見英格斯才開始啟動。

接手之初，英格斯跟ＢＩＧ同事們想把歐式中庭（courtyard）介紹到紐約——換言之，他們想蓋一群圍繞中庭廣場的住宅大樓，整個屋頂呈四十五度傾斜，可擁抱光線與哈德遜河風光。業主很喜歡這個想法，紐約市都市規畫局長卻不以為然。

「他們要我們蓋一座朝西的大廈，所以我們得整個重來。我們要把美式摩天高樓與歐式住宅圈熔於一爐，煉出新品種，以盡量保留當初的設計概念。早知道就不參加跟都市規畫局討論的會議。」

過程充滿起伏。原本想在紐約闢出一塊哥本哈根區，結果是打造摩天樓新混種。「就是把兩種明確類型重新組合，從摩天高樓跟住宅圈各自抓出精華，鎔鑄成一個兼具兩者優點的新類型。」

換言之，要說創意是將原本毫不相干的元素相結合，這是一個絕佳範例。而這也點出英格斯不僅懂得設計，更能將居住條件融入整體規畫中。

英格斯的故事映照出創意過程中幾個重要元素，我們歸納如下：

1. 活力跟渴望是最重要的動力。對於感興趣的東西，自然會投注更多精力。
2. 創意關乎執著的勇氣。有計畫自然很好，願意直接透過經驗學習更好。經由參與，讓想法在環境中獲得驗證機會。絕不要因為恐懼而退卻。
3. 創意過程的核心因子：充分蒐集資訊，找出關鍵元素。保持開放，觀察階段——此時要懂得擷取概念——要盡早接收「干擾」，認清現實條件。
4. 創意關乎從現存條件打造新品種的能力。就這點來說，英格斯十分符合創意研究的發現，善於以嶄新手法融合事物。

5. 最終，這則故事也告訴我們，缺乏他人幫助，很難萌發創造力。那也許是合夥人、善於管理數字的執行長，也可能是周遭任何能激發我們的人。創造力不止是一種內在現象，更受到現實牢牢地牽引。要提升創造力，一定要學會仔細觀察、重新整理我們所處的世界。這點務必謹記在心。

就讓我們繼續探索創造力的其他面向吧。緊接著，你將遇到戈爾德，一位住在柏林的德裔俄國畫家，曾在哥本哈根方舟現代美術館、哥本哈根拉姆藝廊及倫敦白立方藝廊舉行個展。戈爾德深信，創意就是讓自己接受他人的啟發——他甚至不想以創意來談自己。

註1：丹麥建於十七世紀的古老廣場。

註2：美國紐約市曼哈頓島西岸的一地區，正式行政區名為柯林頓（Clinton），又叫西中城。

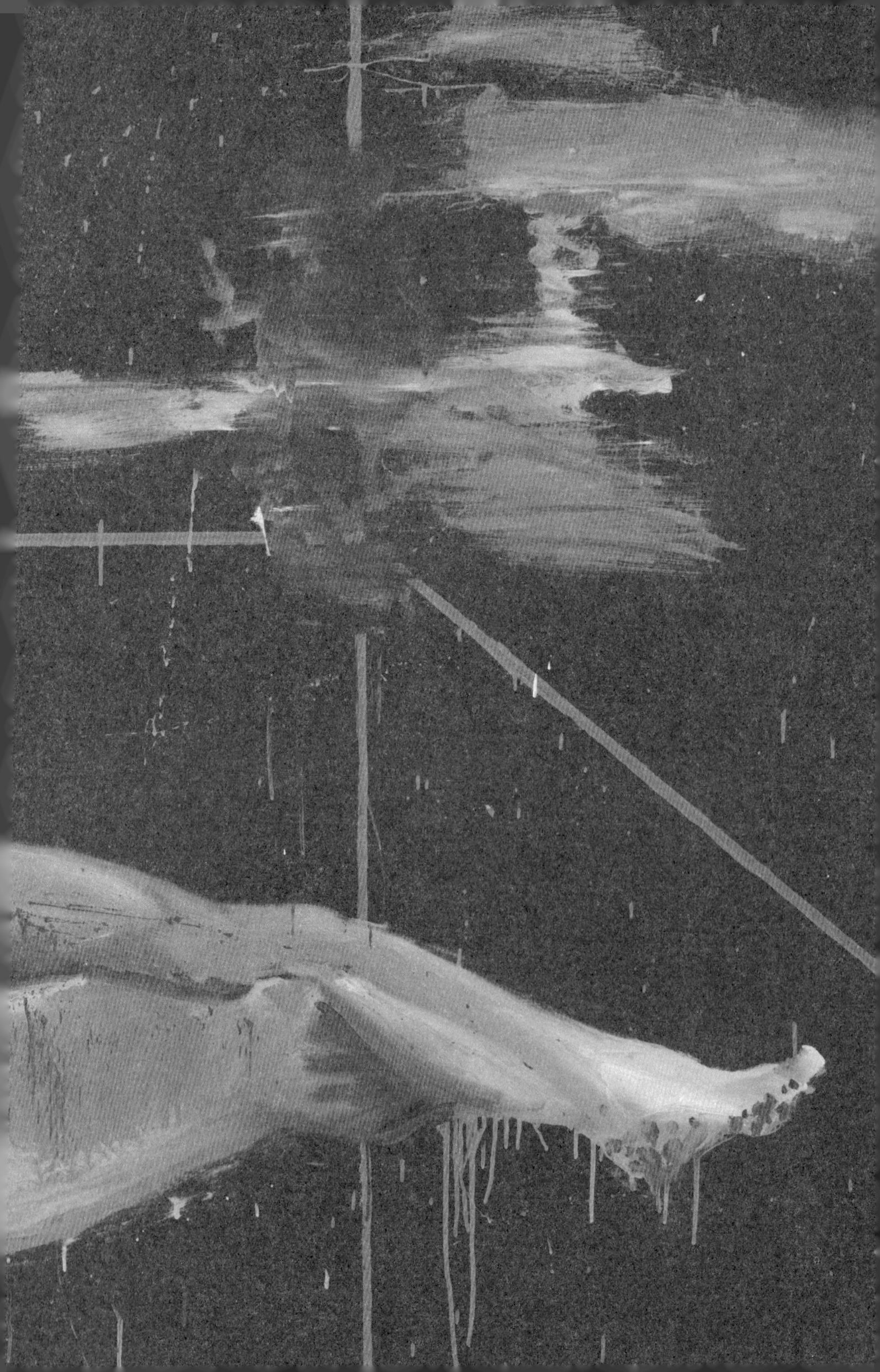

五

藝術家戈爾德：創作的日常，是寫實主義進入奇幻異境

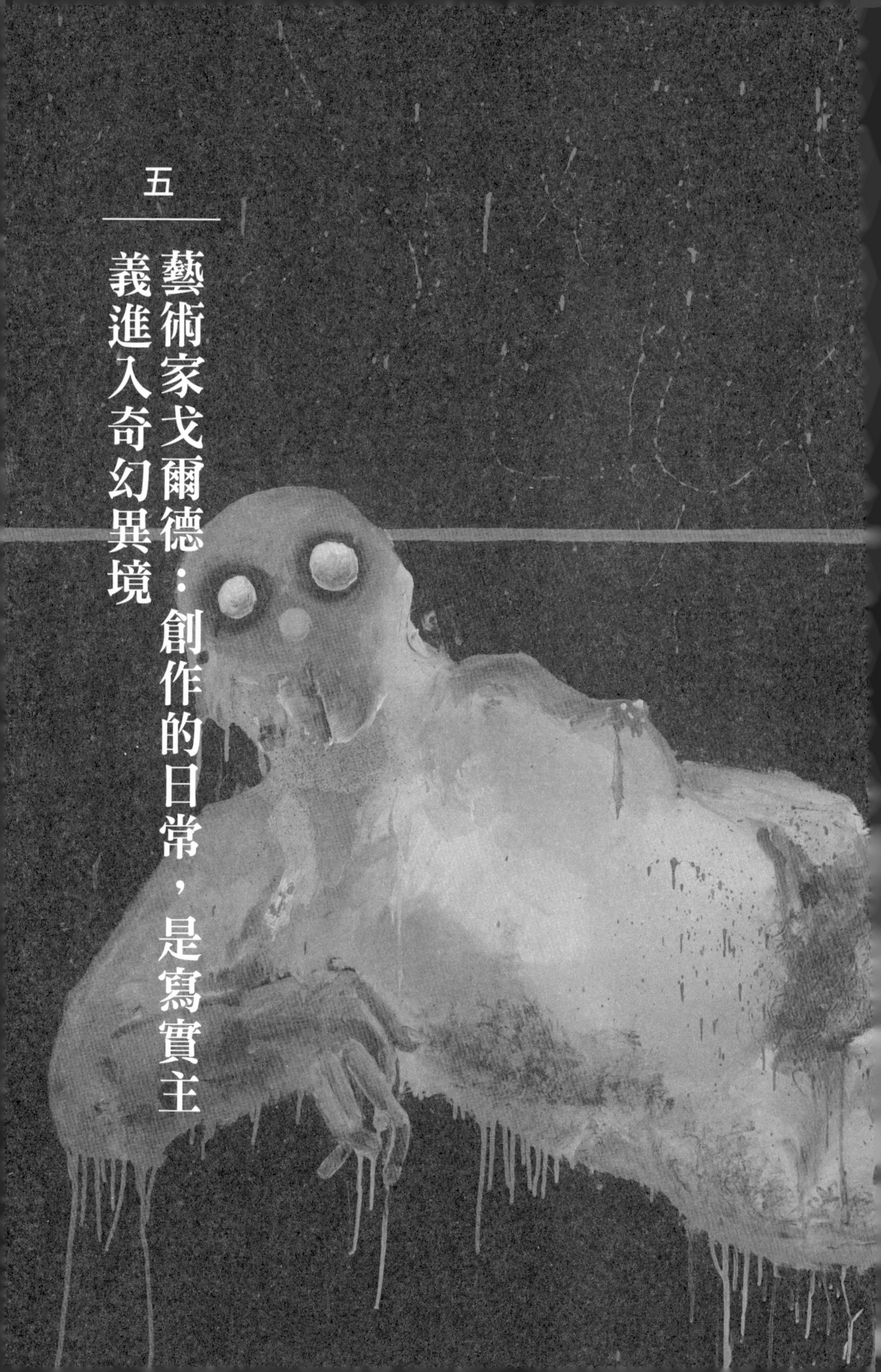

凡探討創意，許多人總喜歡拿愛因斯坦、畢卡索等名家軼事來渲染創意過程。例如心理學家浩爾．嘉納（Howard Gardner）[1]一九九三年首部研究創意的著作《創意天才》（*Creative Genius*），當中便充斥許多如愛因斯坦、莫札特等大師日常瑣事與創意過程的描述分析。

我們也不例外。前幾章曾談及愛因斯坦與畢卡索，也深入兩位傑出訪談對象的自身故事。本章我們要來看看旁人對於創意的影響力。我們強調過，探討創意，不能忘了創意者周邊的人。那些創新概念究竟從何而來？一位經理人、老師或其他人，又怎能影響作者發揮創意至如此深遠？

我們已然知道，多數創意人不是沿著既有邊界前行，便是敞開心胸擁抱周遭的刺激。而這一章，則是探討站在他人肩膀上，穿透知識裂縫尋到革新的契機。

現在，我們要介紹戈爾德。戈爾德出生於俄國，現為柏林居民，被視為二十一世紀德國最有前途的藝術家之一。本書主要以丹麥人為例，此刻破例介紹戈爾德，是因為丹麥是他作品首度展出地區之一，再者，他對創意頗有看法——而且是相當重要的看法。戈爾德的意見，對我們全書架構的形成頗有幫助。即我們必須沿著既有的邊界前行，而創意衍生自跳脫既有與日常。不過，我們要先從截然不同的領域開始談起——虛構的世界。

高手只偷不借

當我們說，創造力是沿著既有的邊界而行，那是什麼意思？是史登貝克所講的抽樣嗎？還是英格斯融合兩種形式創造新品種的能力？換言之，以嶄新手法整合現實就是創意？這是借用還是剽竊？創意獨一無二，跨越一切限制，因為它脫離既有。

我們且向虛構世界借用一個張力十足的例子。挪威作家拉什．索比耶．克里斯汀森（Lars Saabye Christensen）在小說《開放參觀日》（*Open House*）當中寫到，主人翁劇作家威爾．布雷登看了同名電影首映會之後想道：「前輩講過，普通藝術家借用別人東西，高手則偷。」電影明明出於威爾之手，卻遭之前的劇本顧問偷走了劇本。部分情節遭到篡改，背景從奧斯陸變成哥本哈根，而男女主角，威爾及凱瑟．譚葛爾，喝的貝里尼調酒（也許有伏特加）則變成樂堡（Tuborg）啤酒。

受邀出席首映的威爾，耐心地等待片尾出現自己的名字——卻白等一場。「我沒看見。」小說最後，威爾這麼說。那位劇本顧問如此坐享威爾的耕耘，著實不夠厚道。這是剽竊。隱藏靈感來源是不對的，然而，又有哪一件藝術品不是取材自別的藝術品呢？就像丹麥詩人索倫．烏海克．湯姆森（Soren Ulrik Thomsen）在最新詩集《戰慄之鏡》（*Shaken Mirror*，原文為 *Rystet spejl*，2011 年出版）註釋中所言：「每個文本，之於其他文本多少都有所虧欠。」隨即，湯姆森赤裸裸揭示他自己的借用情況：

「『此刻黑玫瑰綻放雪中』這個句子來源有許多，包括丹麥現代詩人烏勒．沙若唯（Ole Sarvig）於一九四四年所著《*Jeghuset*》中的〈黑色花朵〉（*Black Flowers*），而此詩又與之前問世四十年，歐胡思．克勞森（Sophus Claussen）於一九〇四年出版的《*Djavlerier*》詩集裡的同名詩幾乎一樣主題。我們也不能忘了茹絲．法蘭克（Ruth Frank）那首《雪中玫瑰》（*Roses in the Snow*，我們從艾蜜露．哈里絲〔Emmylou Harris〕一九八〇年同名唱片得知此曲）。同時，背景依稀也飄著幾許中世紀詠歎詩歌〈看哪，如此盛開的玫瑰！〉（*Lo, How a Rose E'er Blooming*）的韻味，其歌詞則無異來自丹麥詩篇一一七篇。凡此種種，不一而足。」

對有心創造「全新」事物者，這是重要教訓：有創造力的人，會敞開自己，接受既存事物的啟發。

著手此書之初，我們亟欲釐清新舊之間的關係。二〇一〇年九月七日，《政治報》網路新聞（Politiken.dk）上的一篇文章，毫無遮掩地呈現一個觀點：「當今頂尖藝術家戈爾德說：『創意!?得了吧！我不過就是偷。』」我們馬上決定跟他碰面。

在上述文章裡，戈爾德闡述自己如何將昔日大師作品化為不同創作。「我看一部作品時，根本不在乎那屬於哪個時代，作品本身好不好才是重點。至於那些大師作品，既然掛在美術館裡，也就屬於我這個時代。我像海綿似地吸收所有看過的碰到的，包括任何時代的藝術家。然後我在工作室把海綿擰乾，就成了你眼前這些東西。」

傳統保留在既有的藝術品中，確實地掛在牆上，具體成為戈爾德的創意起點。

就在看到那篇文章當天早晨，我們打電話到哥本哈根拉姆藝廊，戈爾德正在那裡舉行繪畫和雕刻個展，也是他接受《政治報》訪談之處。藝廊主人拉斯說，戈爾德為展出忙得不可開交。而終究，那個寒冷的十月天，我們在藝廊逮到了他。一邊穿梭在那些鮮豔而寓意豐富，表現主義與自然主義交錯的畫作中，一邊欣賞他特殊的雕刻——像是偽裝成漆銅煙灰缸的水果盤，我們聽著戈爾德談他的創意過程，不僅發人深省，更深刻有趣地點出，在他所屬的世界，創意必須具備何種條件。

如果你對藝術界不熟，

戈爾德也許不是個「大咖」，然而在藝術界，他可是響叮噹、一手改寫繪畫藝術的人物。一九七九年，戈爾德出生於俄國葉卡捷琳堡（Yekaterinburg），一九八九年柏林圍牆倒塌後移居德國。他在丹麥舉行過多次個展，也曾在全球知名的倫敦白立方藝廊露面。其善於將抽象元素注入寫實象徵技巧之能力備受稱許。《藝術雜誌》（*Magasinet Kunst*）曾如此描述其繪畫：「進入幻境的法蘭西斯・培根」[2]。他是怎麼辦到的？在他眼中，什麼是重要的？

狂犬

訪談時，戈爾德整個人被籠罩在一片煙霧中，與我們談著牆上的畫作與室內雕刻時，他香菸一根接一根，沒捻熄便扔進一旁的塑膠杯裡。戈爾德為自己稍帶德語口音的英文致歉，我們則對自己有欠流利的德語不好意思。戈爾德解釋，他從沒認真想成為藝術家，今天這局面毋寧是客觀環境使然。看電視跟畫畫，他感到一樣快樂，只是手中若沒在進行某個畫作，就渾身不對勁兒。戈爾德跟我們強調的第一點是，他不確定自己是否稱得上藝術家：

「每次人家問我：『你如何成為藝術家的？什麼時候下定決心？』我都無話可說，我怎會知道自己算不算藝術家？那應該是等我不在人世，由人們去判斷的吧。我只是做我在做的。昨天我看了一部好片：《黑暗騎士》（*The Dark Knight*），有一幕小丑說：『我一團混亂，就像看見車子就猛追的瘋狗，追到了也不知道要幹嘛。』那就像我畫畫一樣。」

類似對創作的描述，我們曾在別處聽過。英格斯說他全心投入某事，唯有事後回顧才能看出模式。戈爾德很懷疑世人會將他的作品視為藝術，而就算他的創意過程不全然混亂無章，也充滿不確定：誰都不知道結果會是什麼。創意人並不遵循特定流程，他們一頭栽進工作，事後才看出端倪。他們還很需要靠別人來看出這些端倪，否則，那不過是畫布上的一堆油彩，或——就英格斯的例子來說——是擺滿閣樓會議室的一堆房屋模型。戈爾德帶著我們轉向另一幅畫作，跳開這個不確定性話題。

「我不善於言辭，」戈爾德說。很多藝術家談論創作都小心翼翼，怕純粹語言的表達深度不夠。戈爾德又說：「問題是，沒有觀者，藝術就什麼都不是。除非有人稱之為藝術，不然就只是一堆油彩。」

所以，藝術家亟需觀眾來肯定自己的身分。換言之，創造力本質上是依附的，或者如我們在前言所提，它存在於社會實踐當中，社會的價值規範決定了何謂新意。好比林中栽倒的樹：唯當有人聽見，那聲音才真實存在。

宗教藝術？

許多藝術家的作品充滿宗教隱喻。我們問戈爾德，他的作品是否也受到宗教啟發。他說，毫無疑問他會用到宗教裡的角色，但他對其中的宗教政治意涵毫無興趣：

「對我的影響主要在主題跟架構層面，同樣東西，創造出不一樣的新意。從歷史的角度來說，很多藝術家都被迫——比方被教會、被史達林——畫某種主題，但那不影響這些作品之美，重點在你如何表現出當代精神。不過我也不知道。今天我說的每句話，明天可能會徹底否認。」戈德爾不斷以大笑伴隨發言，既顯反諷，也流露他對受訪的些許不安。

戈爾德再三強調，他的創造力是受他人啟發，是觀者成就他藝術家的地位、是前人傑作使他找到出發點。我們進一步探問他的創意過程，他說通常有兩種模式：不是純粹從材料本身著手——刷子、顏料、畫布，要不就從材料與概念開始。一般來說，當他為某個展覽進行創作時，各種元素就會出現。

我們邊聊邊欣賞展覽，一系列迷人作品吸引了我們：迷你畫架上的一群小人兒。我們問戈爾德，這個特殊點子怎麼來的？

「噢，有天我在逛一間很大的美術材料行，忽然看到了這些迷你畫架，我就想，好，我來做些迷你作品。所有藝術創作愈搞愈大，何不反其道而行，做些超級小東西？」

研究創意的學者史登堡與陶德．路柏（Todd Lubart）發展出所謂的創意投資理論，頗能用以解釋戈爾德描述的情況。史登堡跟路柏說，創意人買低賣高，亦即他們擷取別人尚未留意的點子加以發揮，然後高價出售。戈爾德當然沒有講出這種低進高出的財務邏輯，但他懂得在別人一味追求巨大時轉而求小。創意人的思考與行為是橫向的——他們把東西反轉過來，背主流而行。

戈爾德繼續告訴我們：「我用手機拍了大約二十來本的相片或素描，內容包羅萬象。以往我常迫不及待就著畫布揮毫，結果錯誤百出，必須整個重來。現在我會先嘗試三、四種顏色。其他時候呢，我就四處尋覓，像是跑到朋友的工作室，那兒有各式各樣的垃圾——包括現代的、中世紀留下來的玩意兒。我從中獲得不少靈感。」

看來，戈爾德創意過程受到許多來源的啟發，而他會從手邊各種東西汲取想法。「有一回我為白立方藝廊準備展出作品，那是作品間彼此關係緊密的展覽，每一幅畫作之間有密切關聯。死亡氣息、天主教意象之類的，但其實又包山包海，什麼都有。」

換句話說，戈爾德創意過程是這樣的：也許純粹根據經驗與當下靈感，要不就朝著特定概念出發，這又往往發生在大型展出或有人訂購的情況下。

論學徒制的必要性

我們問戈爾德，這些手法從哪裡學來的？「自然而然產生的吧。實際上，沒人跟我講過應該怎麼做或做什麼。我想，你必須找到自己的風格。學習途徑無所謂正確與否，那是很個人的東西。」

「我在俄國與柏林的藝術學院唸書。在俄國是我還小的時候——他們有專門針對運動員、芭蕾舞者開設的學校，至今依然。兩個禮拜前，我才回了母校一趟，現在變成只收有錢人小孩的貴族學校。我難以置信。以前誰都能夠進去，現在一切向錢看。那很糟，不是嗎？很多小孩沒錢呀。話說回來，那是很學院派的教育，我在那兒學到所有的寫實技巧，九歲就畫得很厲害了。但你大概也聽過畢卡索那句名言：『我九歲就可以畫得跟拉菲爾一樣，之後卻又花了三十年，才真正學會作畫。』」戈爾德笑道：「我差不多也是這樣吧。」

能畫，是一回事，懂得作畫，則是另一回事。戈爾德強調，技巧精純並不夠，作畫涉及某種社會運作——類似在藝術圈裡找到立足點、奠定個人風格。要如何到達那裡，難以言說。但戈爾德不經意地洩漏了一些「門道」：進所好學校，學會掌握基本原則，可能提供了一個立基。也或許，這門技藝的核心在於對創造力的追求，那股追求激發個人風格的誕生。

「沒錯，要花上很長一段時間。學會那些技巧很簡單，幾乎就像在模仿。但文藝復興跟寫實主義那些大師所以能成為大師，就在他們各自增添了某些元素進去。我小時候也是拚命模仿大師，我們的教育就是那樣。所以，談到創意，其實就是剽竊：把前人作品拿來繼續發揮。以前我們不講藝術家，只講師傅與學徒。學徒不過就是延續師傅的運筆，所以我對以前的大師這麼感興趣。可笑的是，當今許多年輕藝術家老想著創新，滿心只有『我，我，我』，卻沒有任何明確目標。那就是為什麼『創意』這概念有太多的『主婦』氣息：坐在那兒，拚命想弄出什麼全新東西。而其實，應該是去老老實實地做一件有意義的事。這是我的想法啦。」

所以，戈爾德偏愛老式的學徒制，學徒就是要遵照老師傅的路線走。他也覺得，學徒制正可用來對付令人難以忍受的自我膨脹。自我膨脹不僅是創造力的阻礙，還可能——就像之前英格斯指出的——導致作品喪失原初的設計精神。

我們從戈爾德身上學到什麼？

在《偉大成就》（*The Great Achievement*）一書中，作者列文與區勞爾（Michael Trolle）直指：堅韌不拔、完美主義及推陳出新，正是傑出成就的關鍵。第一點關乎訓練，且是憑藉既有方法與途徑。創意人確實常借助傳統嗎？許多自以為有創意的人，不過是誤認自己能憑空創新？

英國人類學者英格強調：任何創意皆隱含了延續及更新。他認為，創意實為一種「重新創作」（re-creation），創意過程則是過往、現在、未來之間的綿延。瑞典創意研究學者拉斯・林斯壯（Lars Lindstrom），則認為創意乃既有事物之再應用。

主要問題是，當我們不斷推崇那些創意代表人物——發明家、作家、實業家——時，常忽略背後的實質基礎。我們總以為創作是個人才華，事實不然。那些人之所以能有創新光環，部分原因是作品辨識度夠高，且立足傳統。拿大企業來說，生產一堆新產品不等於有創意，除非這些產品廣受歡迎。戈爾德似乎也認為，唯有當作品受同儕與大眾肯定時，藝術家方能自視為藝術家。

法國社會學家布迪厄（Bourdieu）強調，研究藝術家，不能低估產出與消費之間的關聯。沒有市場就沒有藝術家，這無關乎作品賣錢與否，而是肯定其藝術家資格的象徵。

尤有甚者，我們可質疑傳統與創新是否真有那麼大的不同。培養創意的一個阻力是不了解這兩者的依存。丹麥人類學教授科笙・哈史托勒普（Kirsten Hastrup）也深信：創意涵蓋了舊與新、可識元素與出乎意料部分。她說：

「基本上，我會將『創意』描述為我們體驗創新誕生的過程。

創意並不與世界完全脫離（果真如是，會被視為瘋狂前兆），也不只是精采完成一個預期結果（那僅是執行力的展現）。『創意』要有其獨立意義，必須同時涵蓋出乎意料及可辨識部分，全新及預期並存。」

創造力不與世界脫離，它同時包含意料外與可辨識元素——同時含有新和舊，舊藏於新之中。我們如海綿吸收他人知識，再扭擠海綿產生新東西，也是同樣道理。至於理解新事物，哈史托勒普強調情感面的重要：

「重點是，社會上的創意，絕不僅僅是新的組合，那就只限於智力層面而已……這種創意，必須包含某種語意與情感上的美好，讓人覺得雖然陌生，但樂於接受。」

所以，在現實社會中，創意能夠激發他人行動，創意人的點子可以讓人感動，讓人願意投入資源、精力與時間。這並非僅以全新組合為目標的智力活動，而有一種能鼓動我們擁抱其中價值的新鮮感——儘管如此的陌生。要能做到這點，絕對是門藝術。換句話說，這是與現存之間拉開恰好距離，讓所有人的世界觀可以理解的創造藝術。

集體創造一個精采時代

世人總認為創造力與周遭毫不相干，戈爾德的故事指出那是一種迷思，循著前人腳步也許更好。而事實上，史登貝克與英格斯的故事也顯示他們是這麼走過來的。我們再三看見創意人如何從傳統跟既有事物擷取靈感——從電影、科幻故事、昔日大師；他們從中發現矛盾、斷裂、破洞處，也找到了自己的出發點。

這跟一般對創造力的認知相差甚遠。實際上，心理學對此課題的研究多主張創造力屬個人現象，涉及特定的思考方式、喜歡挑戰慣例（與聚斂性思考〔convergent thinking〕）；是的，這的確也是創造力——問題是，創意過程並不真的那麼個人化。

史丹福大學人類學教授雷．莫德梅（Ray McDermott），就曾多次批判此種將天才個人化的看法。他認為，天才跟創意，不屬於孤立的認知空間，而屬於每一個協助釐清問題找出解決方法的人。創意可說是「共有的」：每個人就手邊所有材料，盡其一己之力。意思就是，創意絕非源自一個人，而要歸功於所有站在別人肩膀上的每個人。根據莫德梅的看法，我們應視劃時代的人為整串合作鏈當中的一個聯結。因此，歌頌個人是不對的：「獎勵個人，等於忽略了整體的努力。」

有意思的是，牛頓也以褒揚他人貢獻著稱：「我能看得比較遠，是因為我站在巨人的肩膀上。」我們常將天才與創意歸功於大腦，實際上，不如說創造力是因為前人打造了適當條件，讓後人在天時地利下採取適當行動。

這意味我們需正確描述創作的過程（絕對有途徑可循的）。莫德梅還說，我們也要了解，創作的誕生，往往是在特別有創意的環境：

「天才是累積而成的：蘇格拉底、柏拉圖、亞里斯多德乃三代傳承；孔子、老子、莊子、孟子、韓非子緊密交替；達爾文與華萊士（Alfred Russel Wallace）於同年發表演化論。」

因此，創作天才並非如那些崇拜者所以為，總是逸出社會常規之外。創意其實是循著某個路線前進，是前人早已鋪陳在那裡的。

下一章，我們將跳到另一個藝術領域。我們要拜訪雷斯提，看丹麥這位頂尖流行音樂創作人做出暢銷曲——且不斷產出——的祕訣。我們也將與芭蕾舞者柯平聊聊夏日芭蕾，與作為一名旅館主人的心得。

這兩位都十分成功——儘管他們自己都覺得僥倖。雷斯提認為勝過他的作曲者大有人在，柯平從不以為自己夠格跳芭蕾。換句話說，兩人都很了解戈爾德所描述的「小我」，但對創意都頗有想法，也都善於商業考量，讓自己的創意熱賣。

註1：嘉納為當今研究教育心理學的重量級人物，影響丹麥小學教育方法甚鉅，如今丹麥校園處處可見有關各種智力面向的海報。其基本論述之一，即智力絕不止一種（由智力測驗衡量），而是呈現在各個層面，遂有諸如音樂智力、人際智力、社交智力等。

註2：培根是生於愛爾蘭的英國畫家，作品以粗獷、犀利、具強烈暴力與噩夢般的圖像著稱。中後期作品主題，多為在狹小空間內的玻璃或金屬幾何籠子裡的抽象雄性肖像，背景通常為極平坦的平面。

六

暢銷樂團水叮噹：自我懷疑造就音樂創作和商業的平衡

二〇一一年夏天的某個傍晚，雷斯提邀我們去他家。接下來幾個小時，我們談論創意對他的職業生涯有怎樣的意義。他的故事主要在探討不斷創作當紅歌曲的祕訣，也同時探索一路相隨的自我懷疑。於是我們將雷斯提與柯平的故事擺在一起，因為他們的特質相似。

在訪談中兩人不斷提及自己並非翹楚。雖然進了芭蕾舞蹈學院，之後也以跳舞為業，柯平卻從不以為自己是優秀舞者。雷斯提則認為，跟頂尖作曲者相比，還差了一大截。但這兩位都大方承認自己頗有結合藝術細胞及商業頭腦的天分——買低賣高，就如史登堡與路柏所說的創意核心。

水叮噹的榮耀時刻

雷斯提——憑著妻子琳・尼斯羅（Lene Nystrom）、同事克勞斯・諾恩（Claus Norreen）及雷內・狄甫（Rene Dif）相挺——擔任水叮噹樂團主唱多年。要說創意產業對丹麥貢獻多大，水叮噹就是最佳指標之一；三千三百萬張唱片的銷售成績，使它成為丹麥有史以來最暢銷的音樂團體。《芭比娃娃》（*Barbie Girl*）寫下斯堪地那維亞最佳銷售單曲成績，經典天團阿巴（ABBA）及阿哈（A-ha）也只有讓位。

水叮噹成立於一九八九年，一九九七年因專輯《水瓶座》（*Aquarium*）享譽國際。二〇〇一年解散，二〇〇七年重組，二〇一一年秋天，再出新專輯。過渡期間，雷斯提與姪子尼可拉組成「嘿！數學」（Hej Matematik）電音樂團，也大受歡迎。

訪談當晚，琳從健身房趕回來與我們共進晚餐，隨即匆匆上樓，與廣告公司討論新音樂影片的細節。

創造始於無聊

雷斯提說，他向來把無聊視為通往創作的最佳途徑。「我童年時大半時間都很無聊。把小孩放在電視機、電腦、電動玩具前面是最糟糕的了。」你很難想像，丹麥流行音樂無冕王會說這種話。但雷斯提說，就是因為無聊，逼得他非得想一些新玩意兒不可。這也完全符合我們之前聽過的，創作得苦幹不懈：

「今天我跟一個小夥子聊，他大概二十六、七歲，出道經歷跟我類似。我覺得他做得太少，我就跟他講，數量很重要。我們如果出一張十二首歌的專輯，大概會先做一百二十首，再慢慢精挑細選。他聽了有點罪惡感，我說起頭不努力的話，是不可能有成績的。」

大量試寫是最後下筆的最佳練習，但要有停止點，創意也需要「人為阻礙」及限制。這是本書將一再重複的主題，因為我們認為那是發揮創造力的基礎。雷斯提又說，要有創造力，安全感與自信心不可或缺。

「信心不足不大好，我有時候也會。反之，每當火燒屁股時，拿出管他怎樣、做就對了的態度，五天我就做出世界級的音樂；正常情況，那要四、五個禮拜，成績也不過爾爾。我判斷得出來，如果這曲子開頭無論配吉他或鋼琴都好聽，一定錯不了。假如曲子裡沒那個東西，怎麼改也沒用。」

對雷斯提來說，音樂無非展現個人想法，所以自信很重要。有此自信，他才能說服樂團成員，但他也說自己無法隨時「在冰原開車」，沒法打點每件事。雷斯提還坦然承認，自己偶爾會藉著大麻加快作曲速度，因為那可以開啟更多可能性。

不過，雷斯提堅持，音樂創作跟藥物絕非相輔相成，在錄音間，一定要全神貫注。作曲者需要百分之百的創意，但製作人得維持絕對的理性。他也說，與水叮噹同事諾林的長期合作棒極了。有人共同慶祝時，成功的滋味更好。

「我為那些個人藝術家感到遺憾。我一切成就都是與人合作的成果，因為這讓創意過程更豐富。一加一等於四。諾林很難搞，但最後我發現他是對的，而且自己也已經朝他想的方向改變。音樂是不斷變形的有機體，跟時尚一樣，進展愈來愈快，趨勢變化令人目不暇給。快速轉向——這是技巧。」

我們問他那些點子怎麼來的，他回說目前正在弄一個有關「正與負」的概念。如果要傳遞一首曲子裡的喜悅，你得用小調；表達強烈情感，就得用大調。重點是你得了解你在寫的主題，保持一致性。「那是我給自己設的底線，」他說。拿「嘿！數學」這個團來說，其音樂以協調為主，路子較窄；水叮噹路線就寬廣許多，有點像動作喜劇片。

雷斯提並以為，自己這種創作天賦得自他那重視搖籃曲傳統的父母，培養出自幼對旋律音韻的直覺。「我母親一直很固執，『絕對不要用C大調作曲，萬萬不可。』她對流行音樂根本一竅不通，但我一直都聽她的。」

「諾林跟我正在嘗試不一樣的和弦，搭配五分之一跟四分之一拍。我們研究過如何讓音樂聽起來有不同的元素，答案是某種調音方式，所以我們自問：『何不就這樣寫歌？』我雖然玩了好幾年音樂，但技巧實在不怎麼樣——我不喜歡鑽研太深。」

雷斯提在兩種張力之間取得平衡：一是了解音樂運作的道理——他認為這非常重要，另一則是自己並非音樂鬼才。也許他太謙虛了。他向我保證，他做事絕對都經過思考，每個細節都不放過，從每個小節、歌詞、歌名到每一個字。

雷斯提就像戈爾德，不以為誰能創造全新的東西。一切事物已經在那兒了，重點是如何取樣或重組：

「創造全新事物的人——這種人根本不存在。你無法做出截然不同的東西。語言早被發明，靈感是你從大自然中得來的，是報章雜誌電視給你的影響。我媽跟我說：『靈感打造了你跟你做出來的事情。』但這東西不是從哪個地方突然冒出來的，我從日常生活中不斷累積，我不信什麼靈感或精神上的啟發，但我喜歡跟人一起努力。如果你周遭充滿了成功又熱情投入工作的人，那就是很大的激勵。不過當然啦，有時這些人也難免陷入低潮。」

雷斯提不認為靈感扮演多重要的角色，也不以為自己曾刻意追求成功。他說，曾以為自己就像「神賜給音樂的禮物」，但如今明白，其他作曲家可能比他厲害。所以現在他與一堆優秀作曲人共事，並積極朝製作人的角色走。雷斯提並說，創造力對他意味著很多東西，但他自己的最佳工作狀態是在某個不受干擾的空間裡，而慢跑跟冬季戶外游泳，則提供了思索下一步的空間。

作曲及製作牽涉到的事情較繁複，需要無數次演練。雷斯提分享水叮噹的第一張暢銷專輯是如何寫成的：他想像自己身處於哥本哈根博爾頓廣場的薩瓦那俱樂部：「我閉上眼睛想像眾人對這音樂的反應。而最先也是最強烈的，就是感覺：『對啦，就是這樣。』之後你再慢慢修正。這方面諾林很行，常叫我停住：『喂，這一句可不能用那個字結束。』」

對雷斯提跟諾林來說，找出每日工作模式是一門大學問，尤其兩人現在都當了爸爸。雷斯提說，雖然有時會連續幾個禮拜從早上九點到晚上七點都在工作，但作曲需要平靜與孤獨，雙方各自努力後再聚，通宵找出另一種魔力。這麼勤奮，是因為雷斯提相信兩人的代表作尚未誕生，還有許多傑作等待問世。

雷斯提也深信製作流程種種環節之必要，與團隊合作的價值。他告訴我們幕後有哪些英雄；例如安科爾（Niklas Anker），水叮噹第五名成員：「他隨時在你身旁，我深受他的活力影響。另一方面，我常聽其他製作人的作品，像是：霍恩（Trevor Horn）、路克博士（Dr. Luke）、弗洛德（Flood）、馬汀（Max Martin）、魯賓（Rick Rubin）、羅柏・藍（Robert John 'Mutt' Lange）等等。」

雷斯提不認為誰天生比較有創意，儘管有些人對創作流程頗有一手。當然，無聊很重要，抱著「這樣會很棒」的信念也很重要，你得找出自己最愛做的事。在父母建議下，雷斯提上過商學院課程，於挪威國家石油公司哥本哈根總部擔任業務督導，也許，他的商業才能就是在這時培養出來的。是的，他很懷念當年同事，但音樂才是他的道路。

雷斯提與柯平的故事雖不盡相同，卻很近似。兩人都說到自我懷疑，還有自信心不足所產生的驅動力，他們都善於與人往來，並會設法提高自己創作的曝光度。我們與柯平約在哥本哈根阿馬林堡宮（Amalienborg Castle）附近的弗廉泰登餐廳（Café Fremtiden）碰面。

努力打動他人的創業家

柯平以職業芭蕾舞者身分出道，歷經製作人、導演、舞台經理，目前負責一個年度夏日芭蕾的表演，也剛成為一家旅館的老闆。關於這些新活動，他說：「我想出來做一些與創作有關的事，一方面想念，再者我也想試著創業。」

柯平在一九七八年拿到哥本哈根皇家丹麥芭蕾學院的入學許可，一九八七年成為單人舞者。一九九一年他成立了夏日芭蕾舞團（Summer Ballet），一九九五～九六年加入莫里斯・貝嘉（Maurice Bejart）領軍的瑞士芭蕾巡迴舞團。足跡遍及美國、加拿大、香港及日本。

對柯平來說，動力來自他究竟想要什麼樣的經歷：

「我不大在乎什麼能賣座，而是我想做什麼。芭蕾的市場不大，我得設法提高曝光度與吸引力，當然也得維持高品質。我得爭取票房維持營運，國家可沒有資助。我必須呈現高度專業，又與眾不同。你可以想想大眾離這門藝術多遠，我要把作品擺在兩者之間。對話與會面能產生體驗，也製造出觀眾，所以我設法讓藝術家跟觀眾接觸。畢竟，我是娛樂業嘛。」

柯平希望接觸愈多觀眾愈好，盡可能地打動他們。他的出發點是：假如碰到他喜愛的事物，或發現迷人的舞蹈、炫目的設計師，他就想將其轉化為動人心弦的芭蕾表演形式。

「一開始都是我的責任，但我也得放手。挑人很重要，所以我得信賴別人。目前我有四、五個合作多年的夥伴，關鍵就在我能信任他們。有時事態發展不如預期，可能忽然來個轉彎，但我深信一切都會沒事。」

信任，與他人合作，這是貫穿本書的關鍵概念。柯平說他的某些選擇全靠直覺：「也許我愛上一首曲子，就以它為中心進行創作。我得從一堆蒐集來的元素組成一個故事，然後把適合的人找在一起。」

往往，整個過程的緣起頗為具體，也許是一齣舞蹈或一段音樂。柯平說他會運用拼貼，以具體形象呈現體驗。無所謂轉折點或結論，沒什麼好分析的，就是一股期盼透過作品呈現體驗的熱切。當我們問那動力來自何處，柯平說：

「那完全因為缺乏自信。我也不確定，但應該跟我喜歡娛樂別人有關：我為自己而做，但也盼望為別人帶來力量。小時候我溜滑板、玩曲棍球，而我姊姊則進芭蕾舞學校。我十一歲開始跳舞，進芭蕾舞學校時已經十三歲了，爸媽很反對，但我毫不放棄。我一直覺得自己像個流浪者，老實講舞技也不怎樣，但我作為舞者的整個力量來自我的強大性格——這是別人講的。我喜歡改變性格成為另一個人，這些歷練是必要的。再者我也很會說故事。」

同樣，柯平覺得自己作為飯店老闆的動力，來自他想為人們提供各種體驗、為他們說故事的熱望。他將日常的經營管理交給一位精於此道的執行長。圍繞那核心體驗的種種雜事必須井然有序，這種必要之惡就得由對的人幫忙處理——就跟雷斯提與英格斯一樣。「從這角度看，我可以說是馬戲團經理。」柯平說：「我得確保大家朝共同方向努力。」

我們在前一章曾引述哈史托勒普教授的看法，創造力需要同時涵蓋新意與熟悉感，因為後者，人們就容易接受眼前看到的表達形式、作品或概念。柯平強調邀觀眾參與的必要性，他說：「現代舞的神秘與自負簡直是瘋狂，慷慨大器跑哪裡去了？對我而言，最重要的是把整體概念在最後呈現出來，我喜歡結尾時把所有元素結合在一起。我想，當我整個人燃起鬥志，目標清晰，也願意分享自己的不安時，事情就可以推動了。我愈有活力，感染力愈強。」

以柯平來看，創意無法勉強得來。「對我而言，那就像熟成一般。很多小小的衝動到處萌發，跟那些有才華的人談話總讓我受益良多。我四處取樣——音樂短片跟相片，愈多愈好。」創造力是需要接受旁人啟發的能力，繼而從那些印象與鼓舞中理出頭緒。這正是驅動力。

讓懷疑化為你的前進動力

雷斯提與柯平都受到自我懷疑的驅策。隨著時間過去，兩人都學會坦然面對這股質疑，逐漸把其他有能力的人拉進來。如今他們對自我的定位是：期盼將豐富經驗與世界分享的經理人與製作人。

艾默柏在她的著作《創意脈絡》（*Creativity in Context*）中說道，創意研究大多把焦點放在創意人自身的認知過程，卻忽略了造就創意的客觀條件，例如：你要怎樣才能夠賺錢？怎樣符合之前成功帶來的期望？怎樣應付挑剔的大眾？如果我們留意有關創意的故事，就能指認出這類情境。若當中有反覆出現的，就意味那可能代表某種現象。

艾默柏也指出存在於作者圈的焦慮，之前某部熱銷作品引發的巨大期待，可能使他們陷入無邊的恐慌中。丹麥作家隆·亞布拉斯（Lone Aburas）所著小說《忐忑一瞬》（*The Difficult Second*，原文為 *Den svare toer*，二〇一一年出版），即為描述此現象的幽默版本。雷斯提與柯平的心路歷程很近似：自認專業技巧並不特出，眼見到別人逐漸取而代之，迫使自己尋找新的角色和定位。他們是自己最嚴格的批評家，而當然，如何讓那批判恰到好處，不致扼殺其創造藝術的能力，是一大學問。「一旦感覺對了，你可以在五天內繳出世界一流的作品，」雷斯提這麼說。

兩人皆強調，沒有任何東西是純粹的無中生有，創意其實是對既有作品的重新詮釋。儘管很樂意做出取悅眾人的東西，但真正的創作動力來自本身對好音樂、好舞蹈的熱愛。實際上這反映一般情況。艾默柏指出受熱情驅使的力量，旁人反應不見得那麼重要，她並列舉某些學者，因擔憂自己的創意會遭到名利的扼殺，索性謝絕外界的掌聲。如果目的已達成，還有什麼值得追求？就像雷斯提說的，最佳代表歌曲尚未現身——那就是驅動力。我們永遠可以做得更好。

下一章我們將踏入技師工匠的領域。我們想了解究竟什麼能夠激發創意。有什麼生活方式可以提升或限制創意嗎？創意人憑藉什麼保持創作動能？我們特別把焦點放在創作突破，以及有助創意釋放的外在助力上。

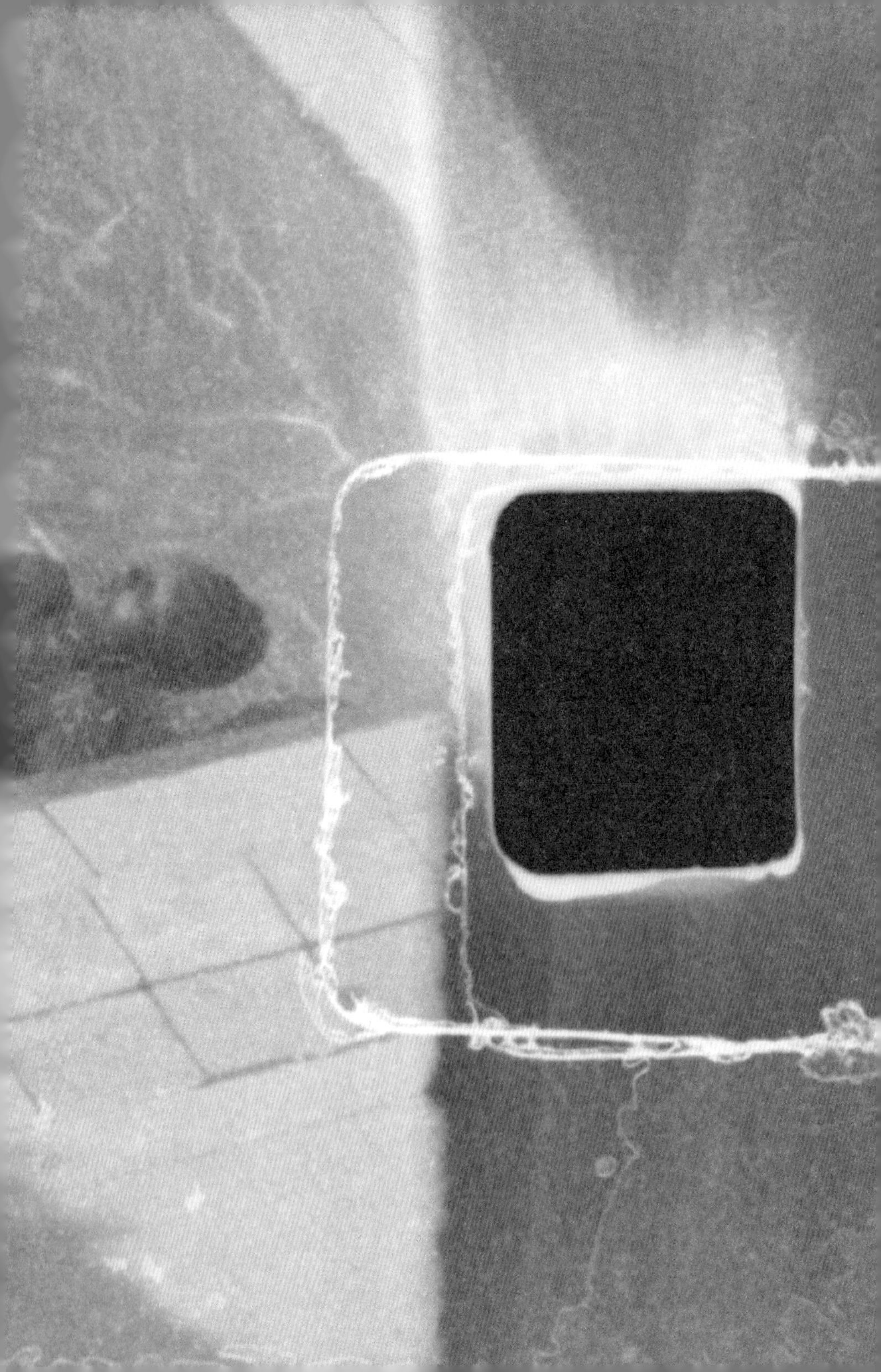

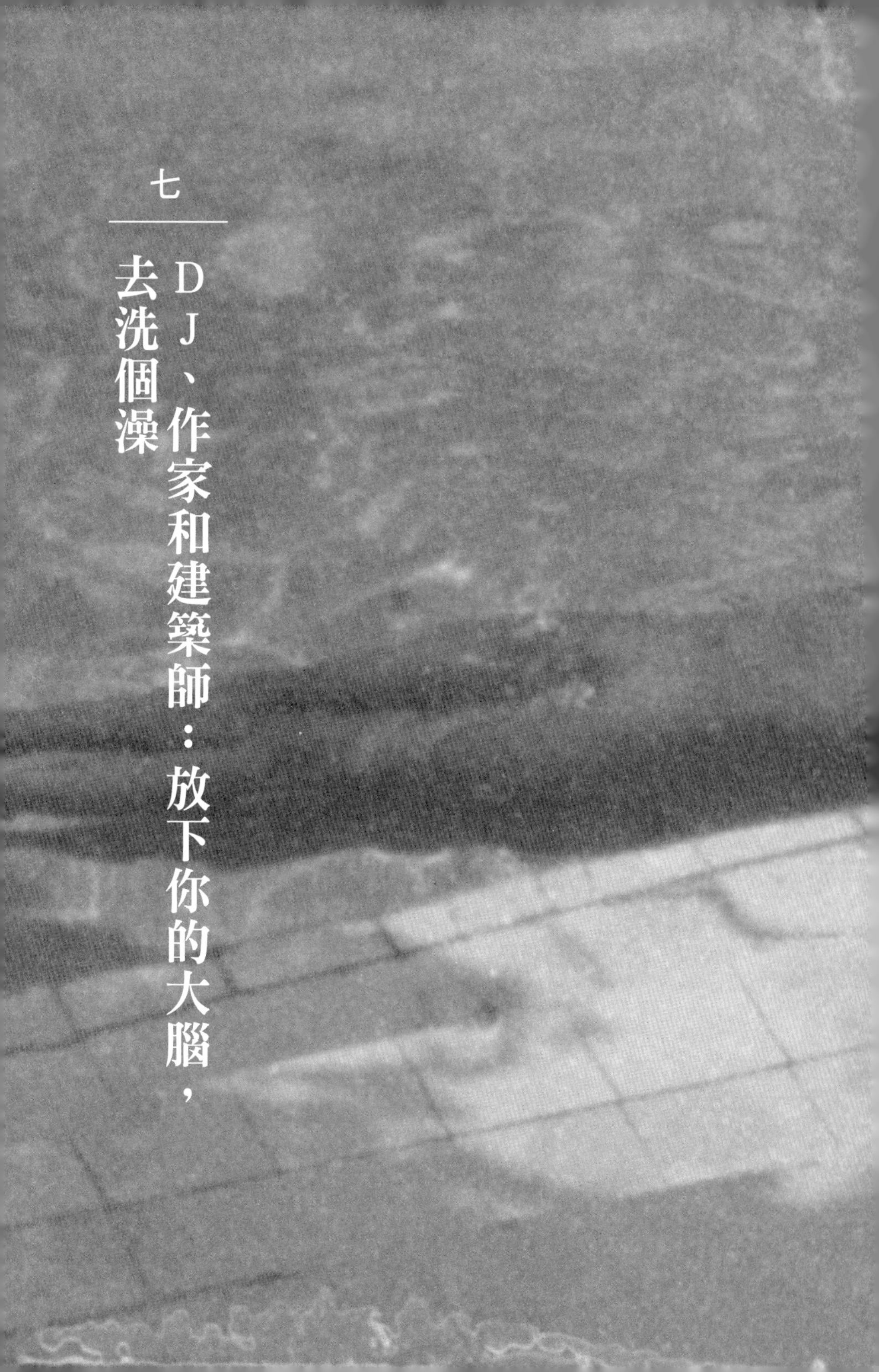

七

DJ、作家和建築師：放下你的大腦，去洗個澡

本章要探討的是：如何在創作中有所突破？我們發現過度膨脹的自我意識，會抑制創造力。要能適時地忘掉自己，克服追求創意的焦慮，讓身體與它自有的慢想過程自行發揮。就像芬蘭建築師尤哈尼．帕拉斯瑪（Juhani Pallasmaa）[1]於著作《思考的手》（*The Thinking Hand*）中所言：

「建築領域中，無論哪個重要觀念或回應，皆非個人憑空產生的表現，而是蘊藏在技藝裡面。真正在運作的，是身體最基本、不自覺、沉默的身體感知。偏偏，這是當今個人過度推崇、準理性的（quasi-rational）、傲慢的自我，所難以理解的。」

我們要仿效愛因斯坦與畢卡索，不管身在浴室或任何地點，放空自己任由好點子來與我們相遇。什麼原因呢？當我們身處浴室，自然會從積極主動變為被動。狄波諾（Edward de Bono）在著作《認真創意》（*Serious Creativity*）中描述這是一種創作上的暫停，創作者中止思考以獲致最佳成果。某種形式的刻意干擾，其實有助創意。浴缸即是不錯的選擇，任何社交或其他干擾在此發生的機率極低——只要你是單獨沐浴。清洗身體已是例行公事，可騰出許多思考空間。所以，工作上遇到瓶頸或流於枯燥時，何妨變換風景，把自己從辦公桌前換到浴缸裡，說不定有助於發想新點子。

洗澡洗出新滋味

本書所有受訪者都曾觸及創作突破這個題目，其中有兩位確實把這件事跟浴缸連在一起。一位是雷斯提，我們之前談過他的故事；另一位是貝耶，丹麥知名ＤＪ、派對策畫人、藝術家及製作人，並身兼唱片公司老闆。

八〇年代，貝耶已展露頭角，透過ＣＯＭＡ舞會[2]與酸浩室（acid-house）音樂，將當代ＤＪ與夜店文化介紹給全斯堪地那維亞的人。沒趕上這段時期者，也多半曉得他在九〇年代初的暢銷曲：〈*Kaos*〉及〈*Turn Up the Music*〉。貝耶成為丹麥音樂圈三十年來的長青樹，他的唱片公司「追夢音樂」（Music For Dreams）曾網羅Fagget Fairys、Aura、Hess Is More、Lulu Rouge等好手。最近，他出版了一本關於ＣＯＭＡ舞會的書，又與妹妹合力推出一張ＣＤ《追夢音樂典藏》。

貝耶說他有時為了讓腦袋清楚，一天會洗上三次澡。他也喜歡冬天在戶外游泳。他認為露天游泳的減壓效果極佳：「冬泳讓我儲備充分的抗壓性。面對千頭萬緒的狀況，我就跳進水裡，心想：『事情一定可以解決的。』游泳讓我走過重重難關。」

貝耶認為自己的長處是不會緊張，儘管他身處極度壓力之下：「我就像個船長，即便船要沉了，我還是繼續頂住。」

忘掉自己

創意突破可以是一種特殊技巧，像是在遇到關卡時跑去泡澡，藉此獲得看待問題的新視角。然而對貝耶來說，泡澡是件極為單純的事：「我根本什麼都沒想，就是這麼往浴室走。一躺進浴缸，馬上浮現創意。沒什麼好想的，照本能做就是了。」這就值得玩味了：究竟，有意識的突破能否提高創意，或只有反效果——就像當你一心尋覓真愛時，真愛永不出現。這個問題的答案，可能落在兩者之間。

貝耶頗為翔實地描述自己泡澡時，是如何忘卻周遭的。這恰與帕拉斯瑪於本章開頭所強調的一致：過多的自我只會抑制慢想，而創造力這門藝術，卻關乎你能否不時拋卻自己。就貝耶來看，其中毫無玄機，他只要經常去泡個澡就好了。

創意過程可能需要來個暫停，讓你隔絕外在，創造靜默；但貝耶同時深信，你不能只是存在於你個人的「當下」。舉例來說，當他意識到眼前這首會是暢銷曲，卻往往發現周遭處在不同的「當下」；你希望他們幫忙強力放送的電台主播們，並未嗅出這首曲子的潛力。如貝耶說的：「當你有前瞻性的想法，往往很難說服別人。」但，來自他人的阻力，卻也能成為重大驅力：「碰到的阻力愈大，我愈明白自己是摸到寶了。」

理性ＤＪ的三個領悟

貝耶的故事多少可與史登貝克的相呼應。史登貝克逃離芬島，貝耶從日德蘭半島霍布洛（Hobro）小鎮跑到哥本哈根謀生。貝耶解釋當ＤＪ的念頭是怎麼跑出來的：當時他正經過叔叔家的草莓園，表哥英格問他長大想做什麼，他毫不考慮地說：「想當貓王（Elvis Presley）。」當時園中收音機正播送著貓王的歌。

小時候的貝耶，什麼音樂都聽，唱片跟錄音帶都好，他也有上戲劇及舞蹈課程。實際上，青少年時期的他，還曾於奧胡斯（Aarhus）一個隨性（freestyle）狄斯可大賽中拿到第三名。音樂人安德斯・勃考（Anders Bircow）及演員索倫・皮爾瑪（Soren Pilmark）列席評審，兩人都認為貝耶跳得最好，推薦他加入伊恩・歐肯（Jens Okking）表演班。但貝耶此時正開始玩音樂，且無法自拔：「那一點一滴地滲進我的生命裡，我活在晚上，白天則在學校補眠。」

為了從其他ＤＪ老手身上學經驗，十七歲的貝耶已跑遍丹麥各色迪斯可舞廳。他說他學到了三件事：

1. 別跟當地女孩上床，否則下回你來就看到一堆傷心人。對夜店來說，女生就是財源，你得跟每個人當好朋友。
2. 別喝酒或嗑藥，那會讓你腦袋不清。一個優秀的ＤＪ得領先眾人五首曲子。

3. 音樂是重點。樂曲順序得安排妥當，讓舞池裡的人舞到忘我。從播放第一首曲子開始，就要掌握整個局面，把所有人治得服服貼貼。

所有創意過程背後都有某種程度的邏輯分析。如貝耶所言：「巡迴演出的那些人，肚子裡都是有東西的，我隨時帶著小記事本，記下我學到的一切。」

稍後我們會再回來談貝耶的故事，看他如何將阻力變為創作的重要元素。現在，我們繼續聽更多有關創作突破的經驗。

讓思緒跟著身體走

一些受訪者雖然沒有直接說會藉著泡澡尋求突破，卻也相去不遠。萊斯是其中一位——他是多才多藝的藝術家、作家、記者和電影創作人。我們會面當天，他為新片《情色之人》（*The Erotic Human*）舉行演說，有四百多名聽眾到場。萊斯表示，這樣熱烈的支持讓他很開心，但他從沒想過所謂目標觀眾這種事情。

四月某日早上，在奧胡斯市普羅旺斯酒店美麗庭院的陽傘下，萊斯娓娓道來他的創作儀式。在亟需創造力的寫作期間，他會以步行展開一天。最近他跟一些朋友住在海地北邊某個飯店，海岸峭壁讓他的晨間運動變得激烈，而他卻說：「挑戰度對我這年齡的男性來說剛剛好。」寫作過程不僅困難，有時更令人焦慮，步行則兼具休息與開始的作用。萊斯非常積極尋找能強化創作的情境。

「北海岸讓我非常放鬆，而且很奇怪，在那兒我總能開始寫作，彷彿有神蹟。海地前次地震毀了我的工作室與文件，對我來說打擊很大。當時我就考慮住到多明尼加共和國。我嘗試調整自己以保持創作，當初會住海地也是這個原因。然而，不管我怎麼努力適應多明尼加，就是沒辦法，我太思念海地了。後來，我跟一位海地朋友艾斯曼（Frank Esmann）合作廣播節目，便明白自己一定得回去。」

於是，二〇一一年二月一日，萊斯搭乘客運從多明尼加首都聖多明哥來到海地北岸。一切順利，一星期後，擬好兩本著作的大綱。他也說不清這創意過程是怎麼發生的，但是，經歷這些年，他確實體悟到哪些情境有助於創作。

「你常感覺自己很蠢，一切完了，但經驗告訴你，不是這樣的。所以我立下了一些規矩：專心寫作，明白『沒有無法開始』這回事。只要鄭重地靠近寫作那一瞬，它就來了。我會做某些事來營造這種情況，我了解我得運動軀體讓大腦充滿活力。我得步行——一大清早，空腹。因此我開始執行，早上七點前穿出鎮門，沿著崎嶇山路走上一個小時。你要克服自己，這是我在寫作時不斷碰到的。早晨的勝利讓我信心百倍，從這角度看，那可說是個小手段。如果選擇繼續睡覺，下午一定會覺得很累。那段步行十分嚴苛，所以絕對是個勝利。若有任何思緒湧出，我會努力抓住。還有一個我從海明威那學來的訣竅：別一口氣寫八小時。也許我會在早上寫個幾小時，休息一下，吃個午餐，下午可能再寫幾小時。晚上不寫，除非有特殊狀況。」

創意過程本身，或許抽象難解無法掌控，甚至有些令人恍惚，此時圍繞的情境就非常重要了。創意過程中的休息與突破——步行、泡澡、小眠——對創意有不同效果的激發，也許刺激它，或讓它暫停。步行可能是理想的觸媒之一，世代以來無數藝術家與哲學家，無不藉此獲得靈感或參透某種概念。丹麥哲學家齊克果（Soren Kierkegaard）便常為了靈感，嚴肅地漫遊哥本哈根，他確實認為，充塞城市的人們與聲音提供了必要的干擾，讓他能獲得更多啟發。齊克果談過他曾如何仔細地將《非此即彼》（*Either/Or*）修改過兩次，他又補充說，除了這兩次，還應該把他在漫步時對此書的不斷琢磨也算進去！其他許多哲學家——黑格爾、康德、維根斯坦、尼采、盧梭等——也都談過散步對其創作的重要性。

盧梭寫道，自己只有在行走時方得以沉思——那對他而言，等同於哲學研究與思考。他還說，一旦停下腳步，思索也就止住了。「我的心思與腳步一同運作，」他這樣形容。他喜歡在巴黎布洛涅森林（Bois de Boulogne）裡漫步。他自己規畫進行的夜間漫遊，讓他能透徹思考即將進行的著述及工作。這種慣例對他很有幫助。

而萊斯的百寶箱裡不止步行這一樣。他會在寫下最棒的句子後歇手：

「傍晚時展開某樣東西，然後放到第二天早上。這是一記妙招，第二天早上就不會面對一紙空白，已經有進度了。空白的電腦螢幕感覺像重新開始。老實說，我常常這樣做，但恐怕要經過這麼些年下來，我才明白這是一帖靈丹。明白了，就可以好好利用。傍晚，只要留幾行詩句就行。」

「是因為潛意識繼續運作嗎？」我們問。

「不，我不這麼以為。只是在看到幾行可以繼續的東西時，我就會開始一鼓作氣。」

萊斯說他花許多時間起頭，而這是他藝術創作的關鍵。對他而言，過程遠比結局重要，《情色之人》就是在談過程，該片的種種行動都環繞在：如何拍一部有關情色的片子。萊斯認為，粗胚比成品更有衝擊力，大綱（outline）本身即為一種形式，是他竭力想守住的東西。他有些作品甚至就反映這種迷戀大綱的標題，像是：《愛情筆記》（*Notes about Love*）與《中國紀事》（*Notebook from China*）。萊斯聲明，後者絕非一部翔實報導中國的片子，「那是英國廣播公司（BBC）的事。」他直截了當地講。相反地，其中充滿萊斯覺得代表詩意的印象與隨筆，「好句子也很有意思，但那留給別人研究。我感興趣的是表面下的東西——不在深度，而在裂縫間。」

讓句子保持未完狀態，就是一招創作上的突破。就像戈爾德面對畫布，有時會大筆揮過作為開始，萊斯則以一個字或幾個句子當起點。另一招比較抽象些，與他以大綱、隨筆為表現形式的興趣有關。當他處於「詩意之流」——套用他的形容——時，他便掏出筆記。人類學給他的啟發明顯可見：田野調查學者，筆記本絕對不離身。對萊斯而言，那涉及整個本體論（ontology），對現實與藝術角色的獨特理解。他不會像現代主義者們跟丹麥作家克勞斯・李夫比耶（Klaus Rifbjerg）那樣，想去——套他的話——「決定別人該如何過活」；相對地，他想投入粗胚創作，再由觀者自行與其展開對話。

對於深度，他的興致不及於縫隙。萊斯談及他的眼界。他不求解釋內在靈魂，而是追求讓創作勃發的具體生活環境，以及讓現實揮灑的形式。在他的世界，任何內在現實都無須探究；相對的，有關遊走邊界、跨越各種類型，他體驗甚深。

跨越疆界，拒絕被定義的詩人

萊斯的工作始於爵士樂的創作與評論，一九六〇年代末至一九七〇年代，他是活躍於丹麥報界的文化工作者，先後於《當前報》（*Aktuelt*）及《政治報》待過。隨著兩本詩集問世，他接觸不少曾啟發他的藝術家，如：佩爾・柯克比（Per Kirkeby）、漢斯・詠・尼爾森（Hans Jorgen Nielsen）和彼得・尤・楊森（Peter Juhl Jensen）。「我們都拒絕成為現代主義者。」他說。怎麼做呢？他們不斷跨越各種藝術領域的疆界。一九七〇前後幾年，他們出現在彼此的作品中。位於哥本哈根孔恩斯蓋德街上的埃克斯藝術學派（Ex-School〔Eks-Skolen〕）的畫家們想拍片，詩人萊斯也興致盎然，儘管自己並非畫家。萊斯描述這段期間的豐收，說這樣的取樣方式並未影響他的自我表達，卻讓他更顯突出。他保留著屬於自己的語言。他也認同以既有成就為發展基礎的概念。

「我以其他作品作為直接靈感，」他說：「有時候我重寫別人的作品，放進某些毫不遮掩的引用。《好與壞》（*Good and Evil*）這部片就很明顯。有一幕，一個裸女躺在沙發上，身後兩男一女穿著外套但面貌模糊。後方一名男子，邊放唱片邊抽菸，這是直接從馬格利特（Magritte）的《刺客的威脅》（*The Menaced Assassin*）拿過來的。我很喜歡那幅畫，所以原封不動照抄，我仍會這樣做，我覺得讓各種藝術形式及領域相互交錯很幽默。有些研究我作品的人此刻才明白這點，我也只覺得好玩。我認為，作品中藏有不同層次的引用來源是很自然的。我自己就經常這樣做。」

《情色之人》片中有一幕：一名女子背誦一首題為《女人》（*La Femme*）的詩作，同一首詩，也曾出現在他一九九〇年第一部海地影片。「我回收，而且很喜歡回收。我創造現成品。我是很早就將這手法用於詩作的人之一——重複的片段，脫離原來文本。在一九六七年的《幸福於無人區》（*Happiness in No-Man's Land*）裡面，有段關於飛行的文字，就是直接從一本說明書搬過來的。」

萊斯說他不斷努力創造前所未有的作品，像一九六七年的影片《完美的人》（*the Perfect Human*），就代表跟一切的斷裂，因為製片團隊對紀錄片一成不變、到社會各個角落尋找故事的手法深感厭煩。「所以我們反其道而行。我們選了一間白牆空屋，除了拍攝人、他們的衣服及一些必用物品，其他完全空白。我們想探討快樂的淺薄虛幻。這片子依然有震撼力，仍舊那麼新鮮，你會根據某種基礎審視它。那旁白抓緊你的注意力，那是跟過去及未來的對話。」

萊斯如此描述了承襲傳統及脫離傳統的成功基礎。當所有紀錄片製作人用影片描述現實，《完美的人》則描述片子本身的現實。他也說到自己如何站在自己的肩上，從過去的作品不斷蛻變。他的最新靈感源自詩人英格·克

利斯坦森（Inger Christensen），她的用字與音韻讓他玩味再三。

我們要暫且離開萊斯，但會在第十三章談創意的限制阻礙時與他重逢。此刻，我們要簡短摘要創意突破的重要性，以及如何忘掉自我讓創造力變得可能。萊斯遊走不同領域邊際的經歷，與史登貝克、戈爾德、雷斯提、柯平等人相似，所以我們要借他們的話來加重本書的主旨。

創意無法強迫而來，但我們可藉著營造空間、遵行某種原則與生活方式來刺激它，例如跑步、休息、聯想——或阻止自己升起「是發揮創意的時候了」的念頭。

把哲學交給身體

芬蘭建築師帕拉斯瑪也有類似主張，強調忘我是通往更高階創意的途徑——或者說是自我與工作的融合。那也許是我們全心投入時所進入的狀態。

帕拉斯瑪寫道，創作的前提，是對工作主題有強烈認同，所以能全心投入。他深受維根斯坦（Wittgenstein）啟發，認為哲學乃關乎了解自己，而思想是肉身的，身體自有思考能力（部分透過大腦）；但在這自我為尊的文化裡，我們不懂得把自己交給身體，無法忘掉自己。或許正因如此，才有那麼多人要藉著練習冥想來尋求忘我，當然，也包括泡澡與漫步。我們或許太過推崇知識，尊之為理性的洞見，卻忽略忘我的價值。帕拉斯瑪寫道：「詩人、雕刻家及建築師，並非僅憑智力、理論或純粹專業。實際上，他們得先學著拋掉所學，才能真正發揮本事。」

在意識之外，身體自會運作。也許，我們最有創造力的時刻，是沒有意識到自己必須發揮創意、只單純就手邊材料認真投入之時。帕拉斯瑪認為西方文化過於著重自我，太強調自覺，反而造成局限。當詩人必須邊寫邊想，必然寸步難行，就好比自行車騎士一旦開始思索自己如何踩踏板，必然要失去掌控。什麼情況下我們能有最大發揮？是當我們與材料合而為一，當時機、傳統、自我與材料達到巧妙結合的時候。這就是為何我們應先行動，回頭再去理解——全心投入，一頭栽進，如同英格斯所講的。

現代工作模式

看到此，用心的讀者或者要問：如果不是像萊斯或英格斯、貝耶這等人，有辦法在現代工作模式中尋得那種渾然忘我嗎？一名秘書、工程師或醫生，真能採取什麼創意突破之道？企業真能放心地提供此等餘裕給員工？這些確實是好問題。

之前提過，奇克森特米海伊在《創造力》中訪問了一位哲學教授，該教授告誡有心進大學研讀哲學的青年學子說，大學不再是能提高創造力的場域。為了必要的安寧，這名教授非不得已不會留在辦公室，否則干擾叢生，永無可能進入忘我狀態。這位教授所提的這點絕對重要，然而，創意本身之難以捉摸也有影響，所以，我們不妨採行一些有助激發創意的生活儀式，像是有放鬆效果的泡澡，有觸媒作用的步行，能有效恢復精氣神的小歇等等。真有心鼓勵員工發想創意的公司，或許應果決地給員工這樣的選擇空間。

為呼應萊斯，本章聚焦於創意過程，凝視其間縫隙。創意實在沒有那麼神秘，這些創意人值得學習，在於他們並不被動等待靈感，而是不斷自我調整，設法更接近創意。

下一章，我們將探討被視為有助創意發想的某些媒介——即毒品、酒精、性愛這類外在刺激。他們真能提高創造力嗎？或者不過是一種流連不去的集體想像？

註1：以強調自身觸覺經驗著稱。

註2：COMA代表Copenhagen Offers More Action，哥本哈根給你更多活動，是貝耶於一九八八年成立的俱樂部，需購票入場，來賓要打扮得時髦新潮。

八

創作者的心靈群像：不喝酒不嗑藥，才能抵抗狂想的折磨

我們知道某些創意人曾活在陰影中——或主流邊緣。在某些音樂現場，酒精毒品似乎不可或缺。雷斯提承認有時會借助大麻來作曲。當我們深入這個領域，才驚覺不管在文學、音樂、藝術界，有些大師仰賴藥物酒精刺激創作的程度竟如此之深。

此名單長得令人結舌。貝多芬作曲時總狂飲葡萄酒。酒不離口的作家亦所在多有：海明威、愛倫坡、費滋傑羅、布考斯基（Henry Charles Bukonski），藝術家則可舉出培根與波拉克（Jackson Pollock）——上述名字皆名垂青史。查理．帕克及威廉．柏洛茲（William Burroughs）喜用海洛因，傑克．凱魯亞克（Jack Kerouac）寫作初期頗仰賴安非他命（苯丙胺，Benzedrine）[1]，據說他那部膾炙人口的《路上》（*On the Road*），便是受此驅動的作品。凱魯亞克後來改掉此習慣，四十七歲因長期酗酒導致內出血離世。

波特萊爾吸食大麻多年，而後轉向鴉片及可能是其死因的酒精。對他來說，想酩酊大醉的途徑很多，他如此說道：「長醉吧。就是這樣，醉倒吧。不想讓光陰壓垮你、折斷你，喝醉吧——激烈狂飲。如何能醉？以葡萄酒，以詩，或以德性，以一切想像，總之，讓自己醉吧。」

當然，還有亨特．斯托克頓．湯普森（Hunter S. Thompson）[2]，他那本出版於一九七二年的《賭城的恐懼與厭惡》（*Fear and Loathing in Las Vegas*），記錄著他的另一個自我（alter ego）及他與夥伴在旅途中使用的毒品：

「兩袋大麻，七十五球麥斯卡靈（mescaline）[3]，五張強力迷幻藥紙片，半罐古柯鹼，還有一大堆讓你興奮、痲痹、狂叫或狂笑的玩意兒。」

有負面效應嗎？絕對有。派蒂・史密斯（Patti Smith）[4]說得簡潔：「我看過太多人在創意過程裡染上毒癮而沉淪。」

研究證實，高度創作力與興奮劑濫用及心理問題——如憂鬱、焦慮、精神分裂——互有關聯。創意心理學家迪恩・基斯・賽門頓（Dean Keith Simonton）一篇探討這些現象的文章（收於《創意的黑暗面》〔*The Dark Side of Creativity*〕），標題便十分聳動：「想成為創意十足的天才？那你得是個瘋子！」好在，我們大多無須變成創作天才，實際上，很多理由反教我們不要作此妄想，那讓我們生病。或許創意過程真要靠集體醞釀累積，遠非一人獨立能成。

至少，這是創新研究學者比爾頓在其著作《管理與創意》中表達的觀點。根據比爾頓的說法，推崇特定創意者的迷思，對想要打造創意的公司是有害的，因為此種迷思無法考慮到實際創作時所需的集體性。我們會在本書尾聲再度回到這個課題。NOMA、樂高、撼魔、丹麥廣播公司等例在在顯示：當員工們同心協力、管理者訂定明確架構與目標後放手，創造力自會產生。然而，首先讓我們看看這些受訪者是否在創作中吸毒，再探討外在助力與創作間的關聯。

「我不喝酒不呼麻不做愛，但我他媽的可以思考」

這是一九八〇年代龐克樂團「次級威脅」（Minor Threat）的歌詞，算是為流行樂界某種禁慾文化奠定了基礎——但只能以次文化看待。而酒精毒品對我們的受訪者有何意義？截至目前，我們的故事都側重在創意的光明面，我們探索啟發、活力、熱情、創新的喜悅，但我們不能忽略另一面的陰暗，也不能不正視這個問題：創意靈感能否靠外力獲得？不管什麼樣的外力？實際上，把我們從過度樂觀拉回現實，是一道創作中的突破。在我們準備為此書寫序時，我們待在克里斯蒂安父母位於郊區的家。

兩人相對而坐，藉著大杯咖啡企圖保持清醒。時值下午，我們苦思各章標題。約莫過了半小時，你看到的本書目錄也大致出爐。

忽然間，通往廚房的門打開了，克里斯蒂安的父親問道：「你們晚餐想來點葡萄酒嗎？還是你們得工作？」

就是這個東西，我們一直不曾觸及酒精毒品與創意之關聯，我們明知那是存在的。當下我們決定，必須闢出一章以探討外力之重要——不僅指酒精與毒品，也包括擺在客廳的鋼琴。

毒品缺席

我們的受訪對象都不曾直接或本能地說到酒精或毒品對其創作的影響，可能是我們沒問，或此話題不宜。只有雷斯提說，一些大麻有助他興起想在曲中表達的氣氛。戈爾德說他曾於作畫時吸食古柯鹼——但已戒除。當時完成的作品不值得保留，已被他燒燬一空，實在不堪入目。

飽受折磨的創作者藉助毒品創作，對這類迷思，我們有足夠理由懷疑。雅蘭德是丹麥亞勒企業業務總監，在丹麥以編輯女性刊物及主持電視節目聞名，她說對她個人而言，奏效的只有性愛與酒精。這也許能引起部分讀者共鳴。萊斯與貝耶說，自己夠幸運，無須仰賴毒品：「我自己已經夠瘋的了。」兩人如是自評。且讓我們暫時離題，先看看科學研究怎麼說。

出賣靈魂予魔鬼

加州州立大學戴維斯分校創意心理學教授賽門頓，深入談及創意正反兩面的衝突，在創造力及藥物濫用之間，一些文獻確實提到兩者間的關聯性。

賽門頓窮其一生研究創作天才的心理自傳，根據他對這些人的性格與生活方式的詳細評估，天才明顯較一般人容易有躁鬱症、自殺傾向、焦慮症、精神分裂等症狀。有些來自遺傳，因其家人也有高比例的心理「狀況」。如賽門頓所寫的：「儘管我喜愛梵谷畫作，也不願見我最大敵人受他那般毀壞靈魂的折磨。」

以靈魂換取創作才華，這種與魔鬼交易的主題在文學上屢見不鮮，如浮士德：德國傳說中地位崇高卻日益了無生趣的飽學之士。他與惡魔（在歌德版本中，以邪靈梅菲斯特現身）達成交易：只要交出靈魂，從此擁有一切智識，遍享人間歡樂。

浮士德最終得到寬恕，多少因為葛麗卿（受浮士德引誘的純真女孩）向神祈禱。重點是：人若拋卻道德及誠信獲取更大的成就與滿足，但總有一天必須付出代價。說到備受折磨的藝術家，其實頗類似這個主題。我們卻也不能排除，那悖離常態的失控，多少和被強化的創作衝動有關。

傑出創意人往往出現明顯的反社交舉止，可能極為自私、冷漠、自傲、孤僻、衝動行事、攻擊性強；有幾近瘋狂的遠大夢想；可以很瞧不起人、滿腹疑心、苛求精確、性格內向。實際上，我們多半不想有這樣的鄰居或親友。而另一方面，這些人可能聰明絕頂，了解自己，對自己要求更高。

根據賽門頓研究顯示，自然科學領域中的創意人，絕少如藝術家般性格鮮明。或許研究自然科學（也可能擴及所有研究領域）必須具備嚴謹的邏輯思考及「客觀」的辯證。換句話說，我們常講的「十年法則」——在一個領域至少得當上十年學徒，才能培養出足以權衡輕重、明辨契機的眼光——安撫了種種狂想。而在藝術家及表達手法著重情感、主觀、直覺的其他人身上，這些心理病徵則得以恣意伸展。

他人的阻礙將成就你

儘管具備陰暗的一面，許多創意人抓住了時代精神，產生精采的劃時代想法。能如此或許是有人從旁協助他們。

要能把狂想應用在實務上，遇見伯樂無疑為一大助力，但創意人往往站在邊緣。愛因斯坦的論文先被他在蘇黎世科技聯邦機構（Swiss Federal Institute of Technology）的同僚退回，於學術界無立足之地的他，只好在專利局全職工作，以個人名義持續投稿。換言之，這些同僚迫使他去找正職。眾人眼中，他是個想法奇特的怪傢伙。不過，他終究憑著相對論獲得認同。毫無疑問，很多人也有滿腦子從未被了解的狂想——理由無須贅言。

愛因斯坦大概沒法想像他的理論會被用來製造原子彈，用之不當的可怕威力，變成降落於日本廣島的巨大災難。換言之，純然正面的創意，也可能導致極為負面的結果。

談到毒品與創意，何為雞何為蛋，倒是個頗有意思的問題。究竟是酒精毒品滋長了橫向思考，還是為了釋放那受到壓抑的橫向思考？可能兩者皆是。沒人想跟水族箱裡的觀賞魚一樣，成天被品頭論足，甚至遭狗仔跟監。就像賽門頓所寫的：「天才為了創作出深刻的作品，不得不將靈魂賣給惡魔或緊盯他們不放的媒體。藉著毒品或酒精的抽離，也許是他們與這世界保持距離的一種自我療癒。」

理性的受訪者們

本書訪談對象中，藉助毒品刺激創作的少之又少。我們再聽聽貝耶怎麼說：

「我肯定毒品跟酒精對某些人是有效的，就像是創意助燃劑。我也的確看過一些人，在製作唱片時酩酊大醉。但我發現，我只要兩杯紅酒下肚，就會自動走到角落靜靜坐著。我參加過一些派對，到處擺著免費的古柯鹼，很多人直接把頭埋在裡面，然後被攆走。每個人有選擇生活方式的權利，而我自己從不覺得有這種欲望或需要。我對家人小孩有責任，我只想好好做音樂。」

萊斯所見略同：「不是什麼都有答案的吧。我只知道，字句就這麼出現了，而且無可更動。如果詩意湧現，我拿出筆記本，一首詩馬上寫成。真令人陶醉，我沒用安非他命或任何酒精毒品的習慣。只是曾經為創作一本詩集，用過安非他命，之後就再也沒碰了。」

不過，萊斯說他曾長期吸食大麻，直到幻覺出現。他也曾嘗試以安非他命提神，甚至加上煩寧（Valium）安眠——但他不建議大家嘗試。萊斯並不刻意與他——在其作品《海底黃金：不完美的人 之二》（*Gold at the Bottom of the Sea: The Imperfect Human 2*）——稱之為「表現強化劑」的這類東西保持距離，也質疑人們對此歇斯底里的反應，例如在自行車大賽。其實在職業賽事，用藥往往由醫生掌控，他說，問題出在毫無節制地用藥。所以，我們的故事莫衷一是，但普遍的狀況是——為加強表現的藥物，恐怕會讓創作停滯的情況更嚴重。本來可能就很瘋狂了。

壓力之下

人們之所以仰賴酒精毒品來刺激創作，也可能是出於壓力實在太大。必須有所突破、寫不出東西、好不容易問世的作品會得到什麼反應——這種種焦慮，貝耶都有過深刻體會。

「多年來我一直努力做出暢銷專輯，好奠定在這一行的地位。一九九三年是我在國際上頗有斬獲的起點，先是當選全球百大DJ，第二年又入選歐洲二十五大DJ。一九九七年達到巔峰，我卻開始覺得自我重複，便休息一年重新思考未來。然後我當了幾年酒吧式夜店的DJ，嘗試挑動那些坐著不跳舞的來賓。我不斷試驗將各類型音樂快速轉換，看大家反應如何。二〇〇六年我出了首張專輯。我從沒想成為大家指點的公眾人物，而九〇年代初期卻是如此。我希望大家認識我的音樂，而不是我這個人，但我當然也曉得這是難免的，所以乾脆隱身幕後當製作人。於是『當球團經理比當球員好』成了我多年座右銘。在不露面的情況下，我參與了一些揚名國際的丹麥樂團，像是Cartoons、Fagget Fairys跟最近的Aura。」

貝耶說他在發展過程中遇過龐大阻力，但好在，那並沒擊垮他，反倒成為一種動力。他舉例：「有一回，我在德國參加雷諾汽車廣告會議，我找人稱小史提夫．汪達（Stevie Wonder）的洛杉機歌手阿洛伊．布萊克（Aloe Blacc）來唱歌——在這次面會後，布萊克專輯賣出兩百多萬張——丹麥這邊是一面倒的惡評，而德國人則說：『嘿，真不賴。』所以說，你的心臟要夠強。」

熬過了就是你的

難怪那麼多人無法標新立異。貝耶談到自己的強力心臟是在唸書時鍛鍊出來的：

「小學四年級時，我每天得穿過一座森林回家。學校有三個男生看我不順眼，大概有三、四個月吧，我每天放學後就被他們揍。我心想：儘管打吧，我比你們有種——最後他們終於作罷，而某種東西就在那時建立了。他們喜歡運動跟可可亞，我喜歡狄斯可。他們朝我臉上吐口水，踢我踹我恐嚇我。你會在這段經歷中不知不覺得到什麼。然後我到奧爾堡、奧胡思、哥本哈根等大城市，四處都是奇裝異服的人，我再也不是異類了。」

這是一種做得到精神（can-do spirit）。貝耶硬是熬過了。他在日德蘭半島闖出名號，哥本哈根許多經紀人找上門：

「那時我想去老爹（Daddy's）當DJ，丹麥當時最夯的狄斯可舞廳。我的經紀人跟店老闆賭我能否走在潮流尖端，那老闆說：『聽貝耶講話，簡直是個鄉巴佬。』我第一晚就秀出絕技，立刻拿到合約。之後，我拿到派對島伊維薩（Ibiza）[5]各大夜店的聘書，走遍整個歐洲。這些國際聲譽，又讓我在哥本哈根的身價扶搖直上。」

強力心臟、做得到精神、活力、執著，再加上一點兒鄉下硬頸精神——或許是這一切的組合，讓一個人沒有被演出恐慌擊敗，無須把頭埋進古柯鹼裡，堅毅面對創作中無可避免的阻力。連貝耶都說，他的能耐可在瞬間判讀舞池狀況：

「我一直是個務實的人，但喜歡挑戰，孕育原創性。所以我常把自己的DJ系列混合播放，讓它們兼具娛樂及教育價值，這是DJ最神聖的任務。我常有先見之明，擅長從稻草堆撈針或撈起藝術家——舉個例子，我是丹麥第一個在P3廣播電台播放詹姆斯·布雷克（James Blake）音樂的，比大家早了一年。我直覺他是個天分特殊的藝人，其他人卻渾然不覺。阻力永遠都在，尤其當你在尋找原創性的時候。現在我已經學會和它共處，以創意化一切阻力為動力。」

也許每個人都能嘗試更有創造力，但那些最有創意的人或許具備某些性格。我們採訪的對象，似乎都精力旺盛、愛玩也守紀律、洞察力敏銳、又天真單純。這些經年創作的人對新刺激非常開放，不像一般人那麼排斥，也總能從新的角度看待熟悉事物。在心理問題與創造力之間，我們也看出某種關聯。

在這一章中，我們探討了酒精毒品與創意的關係，可喜的是，我們的受訪者並不建議以嗑藥提高創造力，因為毒品會影響判斷力，也與創意無直接關聯，只是用來自我安慰。

受訪者唯一不完全排斥的，算是酒精。從我們與雅蘭德的訪談中了解到：創造力代價不菲，有時你必須設法放鬆，對她而言，性愛與酒精是重獲心靈主宰的最佳手段。

接下來，我們要先擱置這個議題，來看創意與商業之間的關係，同時也瞧瞧創意、高潮與法國心理分析之間的互相類比。

註1：中樞神經刺激劑。
註2：美國記者、散文集、小說家。
註3：三甲氧苯乙胺（Mescaline）為致幻性毒品（如搖頭丸）的主要成分。
註4：美國創作歌手、詩人，被譽為龐克搖滾桂冠詩人、龐克教母。

註5：位於地中海西部，屬西班牙巴利阿里群島一部分。

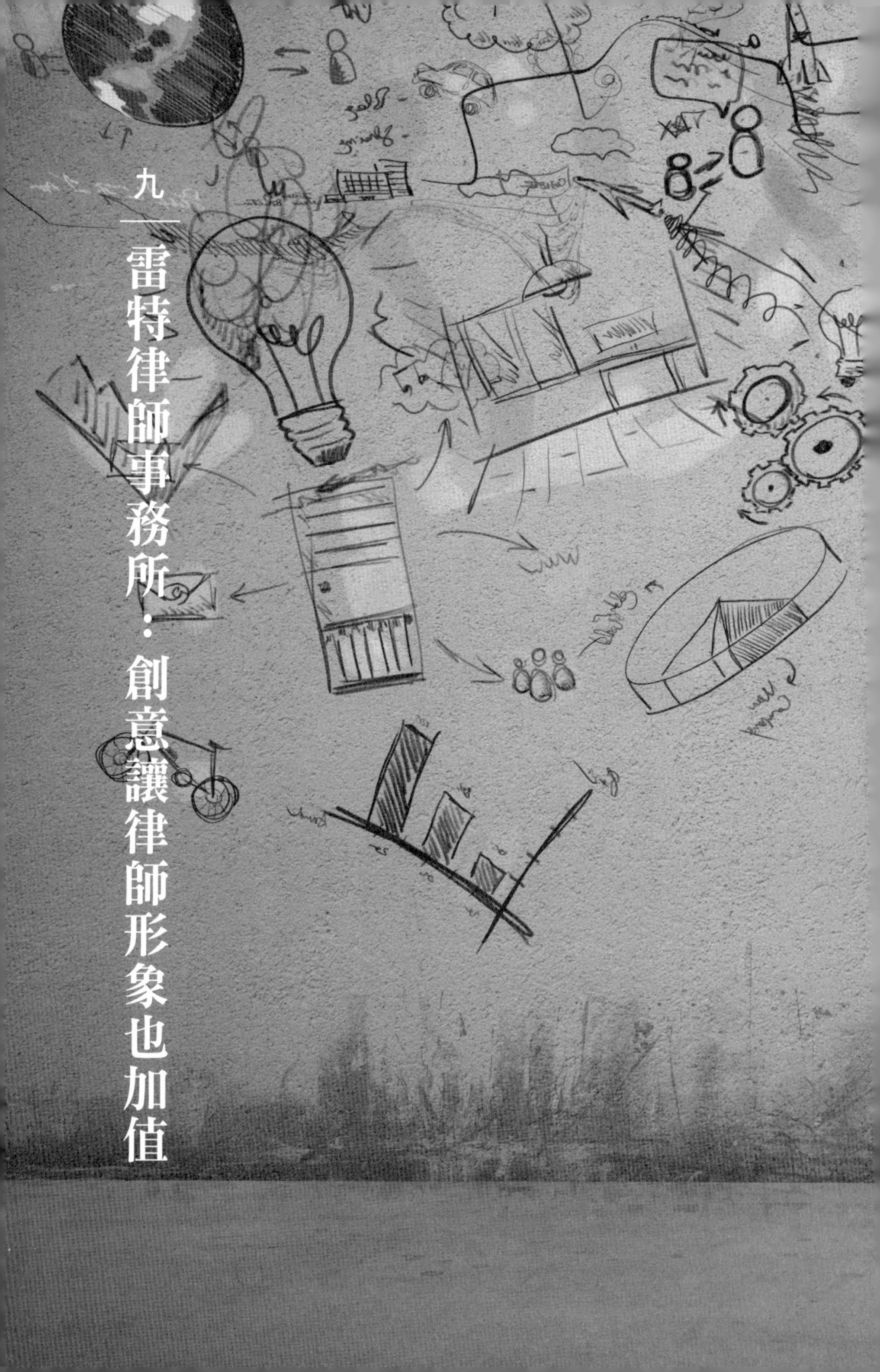

九 雷特律師事務所：創意讓律師形象也加值

變革管理與轉型管理（Transformation Management）逐漸在管理界受到重視，而普喬、曼恩斯、穆達克三人在合著的《創意領導》中強調，這些名詞都將被「創意領導」取代。理由何在？他們認為，在這個講究創新的時代，確保經濟成長與永續生產，經理人必須以身作則追求創造力。

因此，本章將探討如何提高公司組織中的創意文化。對於自覺沒創意的人，要如何激發出創造力呢？

我們決定從法律界的案例談起。透過此例，可知一個人是可以交互思考創意與業務，也可以明白：無須置身所謂「創意產業」才能有創造力。在本章末，我們將看到拉透聖（Lactosan）乳酪公司——克里斯蒂安旗下公司之一——如何決定推翻過去，步向創意與革新。

先讓我們看看普喬等三人所強調，企業與經理人在創意經濟立足的要件：

1. 了解創意在當今複雜之工作環境何等重要。
2. 培養員工看見新契機及運用想像力的能力，盡力排除內部一切阻礙。
3. 平衡員工兩種能力：具備嶄新想法及務實思考可行之道。
4. 診斷複雜問題，有效處理隨時冒出的議題。
5. 形塑有遠見的策略，得以因應最艱巨的挑戰。

6. 提出原創發想，激發出更多可行概念與特定產品。
7. 克服阻礙——清除壁壘，適時提供支援。
8. 明白每個人有不同的創造力與技能，故要懂得善用他人的創造力。
9. 打造愉快的創造氛圍，讓員工能敞開胸襟，充分表達新點子或批評建議。

變革管理少不了創意，但為何我們總是排斥新的做事方法？關於這個議題，艾默柏在《哈佛商業評論》刊出的一篇文章頗引人深思，在〈為何創意總遭到封殺〉的文章裡，艾默柏描述受訪的企業經理人與老闆們大多不鼓勵創意，在他們眼中，創意較接近混亂而非創造價值。艾默柏說，這絕對是個問題，會造成相當的資源浪費。應該讓員工採取新途徑，當員工能參與研發及發想，將會更受激勵。

創意與企業運作絕對可以併行，但如本章所示，光是灌輸管理階層與員工其重要性是不夠的。何以致此？是我們總把創意與時尚、藝術連結，卻不以為與企業策略、洞見、開發新產品與損益扯得上關係？還是愈來愈多有關創意革新的討論，總與令人不快的改變相關？讓我們試著釐清創意在職場的角色。

職場中的創意：那是什麼意思？

伊利諾大學兩位研究創意的學者葛瑞格．歐漢姆（Greg Oldham）與安．康寧（Anne Cunning）將「創造力」定義為：員工涉及研發專利、提供意見的行為，或一般概念的富有創造能力。換句話說，職場上的創造力頗為廣泛，從日常小創意到衍生出專利與劃時代新產品的大創意皆是。原則上，所有形態的創意一樣有價值。週一早會中飛來的某個點子，搞不好會發展成一項專利。

兩位學者進一步指出，有同理心及善用正面回饋的支援型領導，能有效鼓勵員工發揮創造力，相對地，強迫員工依照規定行事的監控式領導則限制了創意。

我們無法強迫自己變得有創意，同樣的，管理階層強迫員工也沒效果。這兩位學者研究發現，有機會參與發想的員工表現最好，因為能主動嘗試新做法，參與複雜案子，從工作中獲得成長。員工認為上述這些活動能激發他們投入新案子的意願，儘管其中充滿變數。能有機會肩負重任，本身就很有意義。而且富有創造力的人往往對複雜任務充滿興趣，善於運用直覺，有一定的美感，能忍受不確定性，並具備一定的自信心。因此我們必須明白：光是要求改變並不能提高創意，要能讓員工認同改革目標。

雷特簡介

大多數人不會把律師跟創意聯想在一起，但這個例子告訴我們，創意並非自認為創意者的專利品。富有創意，其實是企業組織進行特定的前提。這個故事講的就是傳統企業也能運用創意，在所謂不具創意的組織環境中成功運作。而我們也將看到，當你想以更有新意的手法改變工作模式時，可能會遇到重重阻礙。

我們在炎熱的八月天走訪雷特（LETT）律師事務所。雷特旗下共有三百五十名員工，在哥本哈根與另外兩個丹麥大城設有分公司，哥本哈根辦公室位於市府廣場。當天我們跟業務經理麥可・凡倫汀（Michael Valentin）及通路經理歐伊萬・費格斯川（Oyvind Fagerstrand）訪談。

先行者

踏入雷特所在的辦公大樓時，我們並不知道即將面對丹麥最創新的律師群。儘管放眼一片灰色調，布置卻賞心悅目，咖啡更是令人讚嘆。凡倫汀是整個轉型計畫的關鍵人物，他希望公司走向顧問形式，更注重業務，為客戶提供更多現場服務（on-site service）。凡倫汀說，這是先行者面臨的挑戰：既得對抗傳統專業文化，又要打破行銷業務理念與「純粹」律師工作——

即公司傳統業務——之間的藩籬。

於是，這番對談掀開了這樣一則故事：當變革主要是為了業務推展，而非增添額外福利時（像是撞球檯、柔軟靠墊、陶藝社），你要如何讓它動起來？

成為贏家

二〇一〇年，丹麥律師事務協會票選雷特為丹麥最創新法律事務所。「大企業名號，個人化業務」這項專案，為雷特贏得此項殊榮——與十二萬五千丹麥克朗的獎金（折合新台幣六十三萬五千元）。

雷特為公司每位合夥人提供一對一的銷售課程。這項方案是先從各部門找一名自願者，希望此人能成為影響其他合夥人入列的使者。

所以，這故事告訴我們：律師業可透過銷售來擴充業績，只要有系統地訓練律師考量客戶需求，並能先市場一步思考戰略。

擁有創造力的勇氣

訪談開始，凡倫汀說創意完全不在律師切身範圍內，所謂創意，似乎總讓人想到一頭長髮跟拖鞋。不過，他說：

「不出十年，律師事務所必得改頭換貌，把重心由法律事務挪到解決方案，所以我們一定要有創意，要從高高在上的司法基座走下來。我的優勢在於我不把自己看作律師，而是用此經驗來當律師的客戶。可以稱之為使用者驅動的一種革新吧。

「總之，我知道我們可以有不同做法，」他說他深信未來律師事務所勢必得走出舒適圈才能保住競爭力。「我把自己身為客戶的經驗派上用場，深知客戶只在乎你能否幫我解決問題。

「說來容易做來難。如果起頭要靠團隊

合作，我們肯定一事無成，所以我得率先改變，一步一步證明我們會因為這樣的改變更強更好。等這過程逐步開花結果，其他律師就有信心邁入下個階段了。」

創意不能全靠內部，有時其他面向的不同觀點極其必要，對雷特來說，那個面向就是顧客。如凡倫汀強調的，基本問題出在顧客需要解決方案，律師卻滿腦子法律問題。他也特別強調，團隊合作在初期無法奏效，因為律師太擅長辯論，任何點子一出，必然遭到扼殺。最後，還要及早展現成果。誰都希望改變帶來成績，在律師事務所，成績意味更多生意上門。

太多律師反壞事

就創意過程來說，團隊合作不見得總是奏效。這個觀點還真令人耳目一新。處理實際問題時，團隊合作可確保人人有責，帶進各種考量，然而在改變尚未迫在眉睫時，這種形式卻可能會造成阻礙。

「這個創意過程，不管是從上往下還是從下往上，我們都試過。大家各有想法，所以到了某個時間點，你必須提醒大家：『好，我們得讓這計畫繼續往前走』。展現成果是重點，才能讓大家明白這一切究竟所為何來。我們的目標在改善營運——你就得讓大家看到這個。我們也透過媒體廣告放送成功經驗，激起內部榮譽感。律師們忽然發現自己出現在媒體版面：『嘿，那是我們耶。』我希望大家把目光調向外界。律師群是一種單一文化，就像俗話講的：他們跟彼此、跟這工作成了伴侶。」

凡倫汀的目標是讓大夥兒發覺做業務的樂趣，手法很簡單：用結果證明。「沒有拿出任何成果，甭談什麼專案計畫，」他說，而且這對較內向的律師更顯重要，他們特別需要媒體曝光及顧客正面回應的鼓勵。隨著時間過去，努力果然獲得響亮回響。

「第一階段，是定義公司價值，建立相關假設。我跟管理階層就此慢慢加以描繪，過程不正式，但仍十分專業。談到價值這東西，你可以發現很多人兩眼茫然，他們必須看到像是公司文宣之類具體的東西。所以，你得先展現成績，指出方向，再盡快拿出更多成績。」

凡倫汀期望大家都能接受這個理念：他們是在推銷新商品給客戶。於是他開了一個訓練課程：與客戶打交道時，要能明確講出此案相關的動人故事。這對習於埋頭處理複雜問題的律師而言並不容易，更別說那些講究嚴謹專業形象的律師了。

雖然凡倫汀的想法並非極端先進，這些律師們卻顯然聞所未聞。沒有充分理由，別期待他們會接受。他們得先看到成績。

凡倫汀說他們也開始衡量公司知名度，隨著這項指標提高，大家逐漸發現：這可疑瘋狂的計畫可能有點道理。就像本書開始所強調的：創意絕非只是拋出狂想，也要能落實。凡倫汀不認為提出一份企畫，就能開始推動創意過程；相反地，你需要不斷以成果激發前進的動力——

至少，在律師事務所是如此。

沿途關卡

過程當然並非一帆風順。凡倫汀坦承，有些律師抗拒力道之強，完全出乎他意料。「但對我而言，這項改變，其實讓我們對公司代表的價值感到驕傲。有些顧客因為我們與眾不同找上門。我們比較有意思，直來直往，沒那麼呆板。其實我們一向如此，跟以前唯一不同的，是我們終於有了自覺，並以此作為競爭優勢。」

創意過程可釐清原本就存在的東西，彰顯既有價值——也包括氣氛與調性。原本並沒打算進行激烈變革，而是希望讓既有價值浮現。再說，本性難移；若想把律師改為純業務，也太不實際了。

凡倫汀也強調，整個工程仍備極艱辛，並且要不斷傳達「出去掙食物的，要比在家做後勤的受重視」的訊息。很明顯，跟客戶打交道的技巧很重要，這讓那些社交技巧沒那麼好的律師難以接受，結果只有感興趣者參加業務訓練——希望他們能成為新文化推廣者。所以，一方面找出有意走業務的人，另一方面，也為那些寧可坐辦公室的開闢陞遷管道——照凡倫汀的話說，「在『狩獵者』與『耕耘者』之間建立互信。」

領導創意過程

訪談中，凡倫汀清楚流露對合夥人與自己角色的認知。「我們實在不善於慶功，」他說：「有時我覺得自己再也撐不下去了。」他解釋，有些時候只有他一個人保持信念，幾乎孤立無援。真要推展創意文化，其他人的支持非常重要。

「我希望其他合夥人能成為文化傳播者，能理解自己的領導角色，明白自己的言行能讓公司目標更明確。以前他們從不以為這有多重要。其實不難，就是從一流律師變成管理人。」

所以，這過程讓合夥人理解到自己的領導角色，凡倫汀也不例外。他強調如果重頭來過，他會努力尋求更多人的投入。他也依舊深信，即時展現成績與由上而下的管理方式，才是真正關鍵。不過，他了解到一定要讓參與者抱持同樣理念。

「我們不認為自己有什麼創意，而就我來看，也沒那必要。我們就是生意人，而市場驅使我們展現不同的思考方式罷了。」

凡倫汀明白自己只是善用創意過程達成目標的商人。他深知創意在今天這種複雜職場的重要性，診斷出一個麻煩的問題點（律師們太不以顧客為中心），有效回應未來的需求。他也擬定出頗具前瞻且具體可行的策略，準確拿捏讓員工參與決策的方式與時機。「到二〇二〇年，律師事務所將完全是另一種面貌：臨時顧客變多，長期客戶遞減。你得端出解套，不是法條。」

從雷特事務所與凡倫汀身上，我們看到領導者必須以身作則推動創意。也許，過程中還必須「假裝一定會成功」。

開始展現創意人的舉止吧，尤其當你有意打造更具創意與革新力的組織。接著我們來看看拉透聖企業。這家公司專門生產乳酪，屬於索尼科集團，老闆便是本書作者之一的克里斯蒂安。

假裝一定會成功

克里斯蒂安說：「拉透聖主要業務包括研發製造及銷售一百五十多種起司到全球。我常講，不管你在哪個國家，你吃的任何起司產品，從餅乾點心、麵包到即時餐，都可能來自我們。我們是真正的加工乳酪（processed cheese），人工替代品不能相提並論。為了抓緊消費者口味及食品產業的趨勢，我們設有研發中心，由韓森（Inger Hansen）負責。」克里斯蒂安繼續說：

「我們一直有很強的技術，五年前，在執行長弗蘭森（Jorn Frandsen）領軍下開始著重創新。我是說，這是前瞻性的舉動，而非被動的結果。因為這樣，儘管競爭日益激烈，我們還能夠不斷成長。」

產品研發經理韓森補充說明：「五年前，我們做出『擁有真正創新』這項策略決定，換言之，創新成為必須控管的優先要務，而非一般日常應用的技術工作。

「會有這項決策，是因為我們向來是業界翹楚，但我們想成為國際專家，為客戶提供合乎定位的高品質原料。我們認為，透過有目標的創新，可以達成這個理念。

「身為資源有限的小公司，我們深知研發不易，我們很清楚公司產品的外部價值——像是主要口味——卻不了解內部價值，而那是未來發展各種特色的核心關鍵（包括口味）。

「於是我們決定將這部分外包，選擇隸屬哥本哈根大學的LIFE（KVL）乳品研究部為合作夥伴，我們認為他們是乳品界翹楚，很幸運地，他們對我們也很感興趣。為此，我們聘用一位乳品工程師，身兼產品經理及對KVL的窗口。

「一旦決定進行研究及創新，下個問題便是：這項專案內容是什麼？不斷腦力激盪後，我們決定成立一項以功能特色為主的專案，例如乳化作用。我們四處走訪，傾聽各方對產品發展的看法。

「我們與一位調香師（flavourist）會面，使得調味成為我們第一個創新專案。我們有留意到，用熟成乳酪製成的起司粉，口味特別濃郁。有一次，那位調香師來公司參觀後表示，他不懂為何我們要用味精與酵母萃取物（yeast extract）調味，他認為我們的熟成乳酪效果更好。於是我們往這方面不斷深入，暫時放下乳化研究。另一個原因，是人們也正開始熱烈討論天然成分、少鹽、零人工添加物。

「當時，KVL正在進行一項尋找巧達起司鹹味來源的研究。發現彼此有相同興趣及相關技術，雙方便開啟這個名為『乳酪香味及調味特性判讀』專案，二〇〇八年啟動，二〇一一年終止。

「我們都獲益匪淺，特別是因為彼此都熟知乳酪口味的特點與調味表現。這段期間下來，大家也發展出共同語言。整個合作成效遠超過當初的期待。

「這時碰到了一個問題：我們這邊的產品經理請產假去了。這些資源該如何處理？討論後，我們決定請幾位KVL研究員在這過渡期間擔任拉透聖的兼職員工。結果因為他們的加入，巧妙地將研究氛圍融入我們既有的工藝氛圍中。

「受此影響，雙方合作更深，研究創新也內化成拉透聖的一部分，並大幅提升我們員工的技術——也為我們奠定了一個良好模式。隨著專業進展，陸續可見這方面的科學文獻，我們也在許多雜誌及相關網站曝光。

「客戶對此極感振奮。我們常說，此後客戶對我們真是另眼相看。以往我們只能口頭推銷自家產品的特性，現在有了科學佐證，情況完全不同——尤其還有那些研究員的支援！我們得以創造客戶信賴的解決方案——那真是太重要了。」

所以，律師及乳酪廠商都能採取有創意且革新的商業模式。且將關鍵要素歸納如下：

1. 只要有決心，公司可以兼具創意與創新精神，但要有人負責主導。
2. 只要有勇氣設定新目標，即使從不以創意著稱的公司也能夠成功轉型。
3. 邁向創意與創新的初步成效，是能否繼續下去的關鍵。一旦核心員工及客戶意識到改革的意義，創意就大有所為。
4. 核心的技術與工藝，足以為創意的起點。
5. 消弭存於各部門、員工之間的阻礙，清除與客戶之間的藩籬，這似乎是創意的核心元素，也是本書一再觸及的課題。

SIC
Kiss
SPC
Kiss

十

媒體人雅蘭德：離開玻璃隔間辦公室，體驗巧合與未知

截至目前，訪談者多是男性。現在我們要來看雅蘭德——她既是演說家、作家，也是電視主持人。談話節目《男賓止步》（*Men No Access*）、被亞勒企業買下的入口網站Oestrogen.dk、《Q》雜誌等，全都出自其手。擔任亞勒企業雜誌執行長四年後，她被升為傳媒機構業務總監。換言之，我們介紹的是位相當了不起的女性，沒有任何科班訓練，卻在傳媒界闖下令人矚目的成就。這一點與其他許多受訪者類似：在求學路上或中斷或多有挫折，而終至成功。

雅蘭德是精采的受訪人物，她快速精確地描繪自己的探索過程。對於她尋覓能發揮創意的空間、探入人跡罕至之地的本領，我們深感折服。據她說，這樣的空間不盡然在亞勒企業總部堂皇的辦公室裡。那兒很適合開會，處理日常編務，卻不見得能夠激發創意。雅蘭德偏好大空間，讓她能四處貼滿便利貼及海報，能在地上攤放數米長的紙張。她喜歡無須時時保持整潔之地，讓她能與混亂相處，直到找出最終的答案。

我們的訪談在哥本哈根的Dag H餐廳進行，面對達格・海默霍德大街（Dag Hammerskjolds），陽光燦爛，車水馬龍。典雅的雅蘭德，趁著訪談當下暢談餐飲業的未來走向：人們追求寧靜的空間、餐廳將轉向綠化、顧客對食物選擇的差異化等。這還真是個不協調的想法——我們正置身街頭髒空氣與車流聲浪中。創意人情不自禁就是想改變事物，在大馬路旁的餐廳，可有什麼樣的轉變？

過去四年，雅蘭德擔任亞勒企業雜誌執行長，在她不斷推陳出新之下，雜誌營運蒸蒸日上。她說二〇一〇年十月的績效極佳，如今她被賦予開發新業務的大任。她將創意派上了用場：

「我一直自認充滿創意，滿腦子時代精神。我們正乘著何種浪潮？在藝術圈及女性領域，我們需要哪些夥伴？交換伴侶俱樂部正在首都哥本哈根以外蓬勃發展，也許我們會重新採取一夫一妻制搭配眾多情人。我們認定彼此，訂婚，結婚——當心哪，因為我們或許是閉著眼進入靈性境界。我們還沒真正見過性感化現象（sexification）可以到什麼極致，也不知道它能引發何種回響。我們需要群體歸屬感，自我已退流行。我將這些趨勢轉化為各種東西，那就是我的工作。我的下個挑戰，不在找出新的產品形式，而是回歸這些概念，把它們化為事實——透過媒體所能想像出來的事實。」

人類學者英格曾說，創意其實無關乎打造新事物，而是能以不同視角看待周遭，遊走其間。雅蘭德之前描繪的過程正是如此：她嗅出周遭趨勢，也透過各種方式來詮釋那些趨勢。

雅蘭德認為，合乎經濟原則也是一種創作，而那是身為雜誌執行長的重點職責之一。如果版面設計能在里加（Riga，拉脫維亞首都）進行，為何一定要拿到哥本哈根？我們必須打破一切藩籬，採取全新做法。好主意何從誕生，全無定律可言。不難想見，雅蘭德對她周遭的人可能掀起何種風暴。若要孕育新事物，千萬不要為創新的渴望設限。

不同與未知

據說優秀的創意人總能見到人所未見之處，在處女地播種，經手眼前的材料或概念，待時機成熟人們發現其價值時，便可賣得好價錢。這樣的經驗愈是豐富，就愈能掌握動手時機。雅蘭德細說她如何喜歡探訪一般人未曾到達之境：

「我最喜歡人們不曉得的奇怪地方，沒有旅人遊蹤的小鎮，很少人看過的影片或書籍——簡單說，就是未曾被開發的處女地。我最討厭聽到大家熱中什麼東西了。當然，如果人家喜歡我的發現，那很好，但我自己還是喜歡往沒人去過的地方跑。」

雅蘭德不介意高價出售她低價買進的事物。也許過程顯得有些寂寞，儘管當她需要創意思考時總往自己的窩裡鑽，但她一點兒也不孤單。她說任何事物都能帶來靈感——視覺設計師與插畫師、店鋪跟餐廳、餐巾摺疊的樣式，或跟陌生人的對話。她特別喜歡跟陌生人交談，因為無須暴露太多自己。她舉例：

「幾週前我在威尼斯一家餐廳用餐，旁邊坐著一位中國女生，我問她喝的飲料是什麼。多數人在被人家提問時都很樂意回答。我又問她，為什麼喜歡來威尼斯旅行？中國人為何喜歡到哥本哈根與丹麥玩？好玩的是，緊接著我就回到哥本哈根跟一群企業領袖參加一場業務拓展座談，原本是要討論如何在北日德蘭擴展啤酒市場，結果我說：『我們得去中國！』我預見帶有丹麥文化元素的啤酒能在中國受歡迎。跟那位中國女生聊天，讓我嗅到新商機。」

具有創意的人有項特質，是能將全然不同、毫無關聯的元素聯結在一起。四處走動觀察，對此想必有所助益。雅蘭德就是這樣一位跨界者。她認為，當她成功結合某些洞察，那感覺如同墜入愛河與享受性愛：

「所有元素以不同頻率降臨，當你能把其中一個擺到適當位置——那感覺簡直有如高潮。就像威尼斯與啤酒座談的碰撞。我通常就是這樣經驗事情，情境的力量實在太棒了。」

雅蘭德喜歡碰見巧合，走在一切的邊界，尋找不同的發現。她毫不隱瞞自己在那些時候恐怕極難相處：一頭熱，咄咄逼人，容易激動。但她又非常需要人群，也需要置身於能啟動新計畫的架構中。Oestrogen.dk的故事正是一例。

挖掘尚未存在的事物

雅蘭德是最早窺見網路能為女性雜誌帶來轉變的遠見者之一。二〇〇〇年，Oestrogen.dk推出，她是這個女性網站的主力推手。當時，雅蘭德心目中浮現了主題網頁的輪廓。

「我畫了網站頁面的大致樣貌跟總部討論，這個企畫就開始了。雖然我不懂網路，但有兩個合作過的人幫忙；葉妮來自日德蘭半島的Bestseller時裝集團[1]，她幫我安排了一場演講，聽眾爆滿，所以她馬上安排另一場在第二天晚上。她手上隨時有二十件事情同時在進行，許多事都會扯上她，所以她在我的幫手名單上。另一位男性是我朋友在火車上認識的，哥本哈根最早的網路線就是他架設的。這傢伙名叫伊恩，是個網路迷，所有的相關知識都是自修來的。這兩位各有專長的夥伴便成為重要推手，案子走得很順利。抓住機會，事情就會發生。也許因為你在某些人身上看見自己。我在伊恩與葉妮身上看見觀察入微的能力與無限的熱情，我也有類似特質。」

要具備創意，就要找夥伴做你辦不到的事情。

戰情室

雅蘭德對那些蓋得富麗堂皇、傲視眾人的玻璃帷幕大樓毫無興趣，至少，在她進行創作時是如此。毫無疑問，要建立創意過程，必須了解成本、資源與研究。舉例來說，若要針對狗主人推出新雜誌，就得了解族群規模、閱讀習性、購買能力。面對營運上某些合理限制讓產品及時上線，就是一種架構，她說，因為存在這樣的架構，所以需要訂定預算。「我必須有個目標，否則會脫軌。」

雅蘭德也贊同我們沿著框架邊界前進、汲取既有知識並從中取樣的比喻。當這個階段結束，她就會進入「戰情室」——一個四面白牆的房間。愈簡陋愈好，可發揮的潛力就愈大。

「讓我從設計中解放，」她說：「我無法忍受那些漂漂亮亮的地方。愈原始愈好，要容許一切可能。」

雅蘭德告訴我們，目前她手上正進行一個新的雜誌企畫，輪廓已在她心中，事實上她是先解構某個既有概念再重新打造。所以她把財務數字寫在一面牆上，視覺圖像擺在另一面。她說，進行到某個程度，美自會浮現。一定要把電腦裡的一切拉到牆上。

步入戰情室之前，她一定做足功課。例如為了製作電視脫口秀，她大量觀看類似節目，包括美國歐普拉（Oprah Winfrey）所主持的。一旦進入後，裡面絕不能再有任何歐普拉的東西，因為她不打算模仿。各種經驗是準備階段不可或缺的，但也可能形成原創的障礙。

戰情室階段是孤軍奮戰的過程，受邀進入者只有少數員工。一旦想法成型，雅蘭德必定放手讓員工往下發想。

做個特出的女性

雅蘭德說，訪談後她將獨自前往一處別墅避暑，因為：「要跟一個基本上只喜歡和自己相處的女人作伴很難。」實際上，她自認患有輕微的亞斯伯格症。認定目標就全力以赴，按部就班，一絲不苟，具備這些能耐的同時，她對人絕不拐彎抹角。向她提任何構想，勢必得到最直接的回饋。「我會直講：這構想生不出任何東西。」

不僅在戰情室是一個人，雅蘭德也喜歡單獨去看電影或上館子。另一方面，她很能抓住集會場合的氣氛，隨時調整自己的情緒，甚至用語，她有融入周遭的極高天分。

如多數受訪者，雅蘭德一路越過重重阻礙，而她經常從阻力中得到幫助。「阻力產生時，其實可能意味著我做對了。」有一回在餐廳聽到手下員工在打賭她的案子能否成功，氣急攻心的她跑進洗手間嘔吐，隨後立刻回到戰場。

「很奇怪，每次經歷類似情形，我總能從無奈難過變得極有活力，全速衝往目標。如果有人警告我，這件事沒人做過，不可能做到，我又沒有經驗——那可真是激勵我最好的方式了。」

我們問她這種性格怎麼來的，她說父母一直很支持她，而且，十萬火急最能激發她的潛能；「我每回都要生病，但那就像一次次浴火重生。」而她也擅長組織團隊，「我找最厲害的人進來，」她說：「我的筆記本裡什麼都有。」

雅蘭德說她的整合功力不錯。有一次為了擬定營運策略，她研讀了四本相關書籍後，立即完成了一份含優勢、劣勢、機會、威脅的SWOT分析。

學習力很強的她，在校成績卻不好，因為她無法安靜坐著。她認為學校應該讓她一個人坐在角落玩樂高積木或迷你沙箱，「那我會學到比較多東西。」她一直和同學遊走於兩個平行的世界裡，「其他人在討論北日德蘭半島的昆蟲，而我在神遊冰島看火山。」

結論

從與雅蘭德的訪談，我們可以知道，執行創意過程的代價很高。雅蘭德很幸運，能穿過阻力不斷爬升，但她也說自己一直努力避開年輕時不斷面臨的巨大衝突。雅蘭德的故事給了我們以下訓示：

1. 要能頂住逆風。當某個企畫案的阻力特別大時，可能意味你抓對了方向。
2. 創意過程需要高度警覺與投入。學習仔細觀察周遭，將各種洞見化為新構想。
3. 儘管有時單獨工作是需要的，但創意絕非單打獨鬥能成就事情。創意人能置身於不同能人所組成的團體之中。
4. 你必須不在乎旁人的眼光。談及自己的創意流程，雅蘭德是受訪者裡最熱切的一位。也許是因為女性常得付出雙倍努力，才能達到與男性同等的地位——也或許，她就是有話直說。

下一章，我們將參觀丹麥廣播公司，與戲劇部主管蓋堡聊聊如何把丹麥影集推向世界，而別在乎有多少藍色大象。

註1：總部在丹麥，旗下有十個歐洲暢銷品牌，於四十餘國設有共九千多家專賣店。

十二

《謀殺拼圖》與樂高：用「邊界創意」翻新老靈魂！

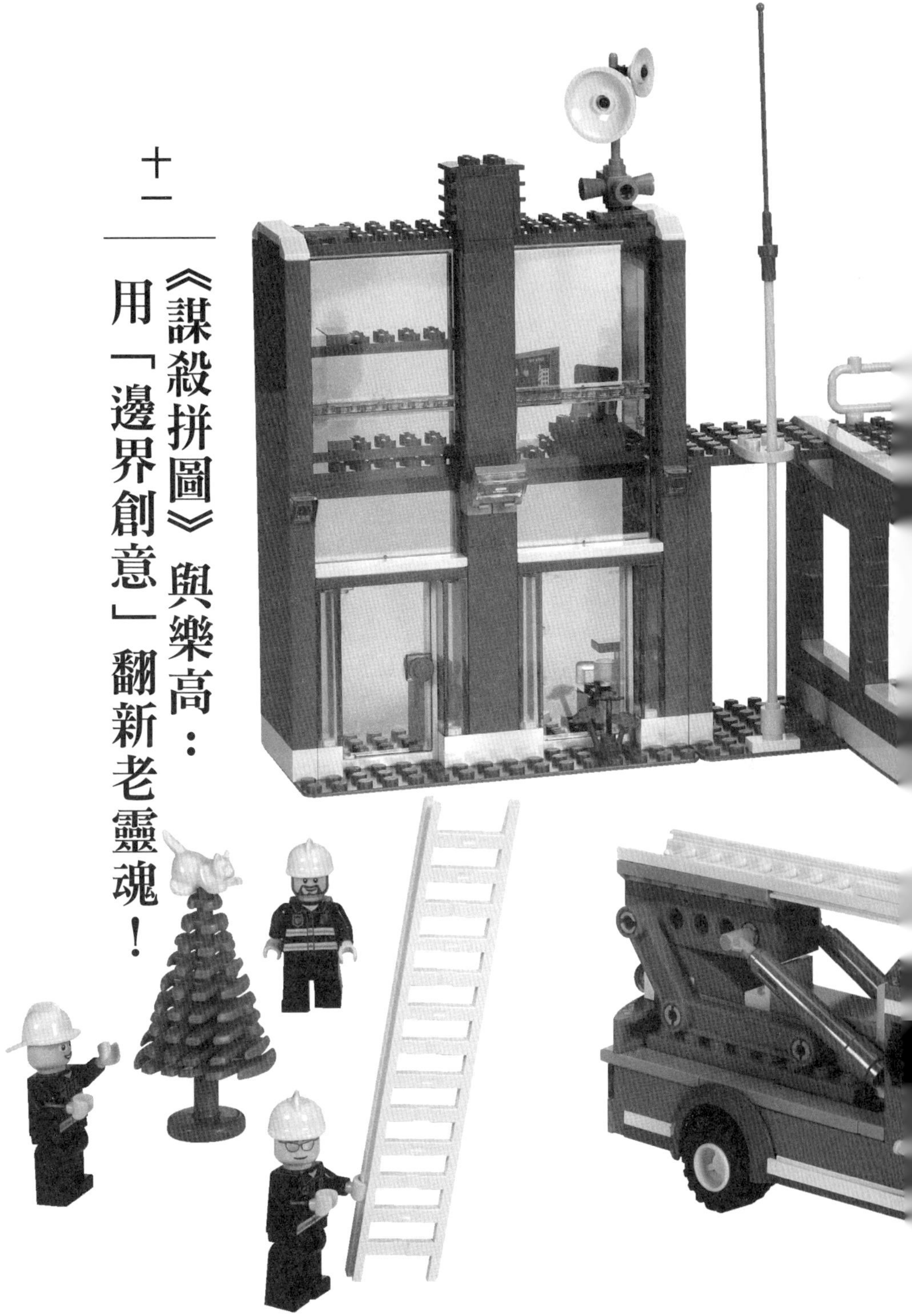

如果一直坐在這兒會怎樣？如果忽然看見那兒站著一頭藍色大象呢？

歡迎與丹麥廣播公司前戲劇部主管蓋堡會面。這場訪談有別於之前在雷特事務所及奧斯特布洛市區餐廳所進行的訪問。凡倫汀與雅蘭德都指出，超群的精力與決心是他們創意生成的重要動力，蓋堡也自述具有同樣特質，我們會在十二章進一步探討。

而在本章，我們要看蓋堡為何提及藍色大象，以更多例子了解所謂沿著邊界前進的創造力。我們可清楚看出DR戲劇一直不斷地挑戰既有類型，例如犯罪影集，或許這個主題格外能顯出他們的潛力。樂高積木也是，稍後我們也將聽聽他們的故事。

蓋堡出生於一九四二年，歷經作曲與各電視台節目監製，一九九九年成為DR戲劇部主管。這項訪談進行時該部門仍由他主持，而後於二〇一二年退休。

八月某日，就在我們拜訪雷特事務所的第二天，我們與蓋堡約在丹麥Grand實驗劇場附設餐廳。蓋堡啜著白酒，不斷向譚葛爾猛獻殷勤。四周人聲嗡嗡，我們被蓋堡牽引著，進入一個由心理動力（psychodynamic）[1]驅動的宇宙。

我們挑選訪談對象的考量之一，是其創意要獲得國際肯定。從這點出發，我們理所當然地找上了蓋堡。

蓋堡所製作的丹麥電視影集非常火紅，週日晚間總有數百萬名丹麥觀眾守著《謀殺拼圖》或《權力的堡壘》，這把火還延燒到了海外，二〇一一年三月十九日，當《謀殺拼圖》在英國播出期間，倫敦《泰晤士報》一篇〈當丹麥人好酷！〉（*It's cool to be Danish*）報導，該影集女主角莎拉探長如何以其獨立與強悍贏得英國女性崇拜？而這部與英國典型犯罪劇風格迥異的丹麥影集又如何風靡全英？

蓋堡直率表示，諸多有關創意的論述「根本是一堆狗屁」。毫無疑問，這位訪談對象對創意有著強烈看法，除了本章探討創意基礎架構，下一章還要討論熱情與執著對於完美的重要性。

打造思想小宇宙

蓋堡首先談及他如何受法國精神分析大師雅各．拉岡的啟發，而拉岡曾公開表示佛洛伊德理論對他的巨大影響。對蓋堡而言，不斷推敲的思想宇宙，形塑了他的創意流程。拉岡的鏡像理論（mirror theory）眾人皆知：小孩在一歲末兩歲初，開始理解鏡中自己的個體性。蓋堡說：

「此時，小孩的主體意識產生分裂，直覺到『自我』與『他者』的不同。而這個空間正是所有想像的根源。『自我』與『他者』之間，因某事引起反應，兩者之間形成了差距。試想它的呈現方式：『我猜』（沒有我在內的某種情境）；『我希望』（別的事情）；『我想要』（別的東西）。奇妙的事情就在這兒發生，對我的演員跟劇作家尤其如此，我們可在這點上衍生出劇情與行動。我也許會這樣問一位演員：『你覺得這會怎麼發展？你覺得你的角色接下來會怎樣？這個角色的自我是什麼樣子？』整個自我／他者的相對來自想像——企圖實現夢想的野心。核心問題是：『如果……會怎樣？』如果眼前一切忽然消失，我們三人漂浮到另一個宇宙，那會怎樣？如果我們發現自己變了個人會怎樣？想像某種場景，就是許個願望，滿足某種渴求。『如果我這樣做的話……？』創意運作的背後，有一套精神分析理論作為發展基礎。」

這種我／他對立，是演員創意流程的驅動力。蓋堡指著一朵向日葵繼續闡述：「舉例來說，如果在我想像出來的新現實中，向日葵不是這個樣子呢？現在我想像它長這樣，換言之，完全不同品種。基本上我這就是這樣發揮創意。」

換句話說，能想像不存在的景物，是創意的基本動力。此時話鋒一轉，藍色大象上場了。因為蓋堡認為光有想像力不足以產生創意，尚未了解目的之前，我們要先約束想像。這觀點也許令人詫異。

「如果我們一直坐著不動會怎樣？如果我們忽然看到一頭藍色大象站在那兒會怎樣？好，怎麼看那對誰都沒用處。過頭的創意跟無聊想法一樣差勁，純為創意而創意毫無意義，懂得轉化才有意義。你能怎樣將創意發揮到淋漓盡致？你要怎樣利用那頭被你召喚出來的大象？是否受過專業訓練，技術如何，從這裡就能看出來。」

蓋堡不希望屬下端出任何未經深思的發想。你要具備想像「我」與「你／客體」之間的能力，更需有在合理界限上引爆創意的能力。這點，正與我們歸整出的「邊界創意」的主張一致：想像力是能讓你「跳出框架」，但要創造出真正有意義的新事物，那只是必要條件之一。我們請教蓋堡如何看待這非正統的思維，他說：

「據我的經驗，跳出框架思考，就像我們想像自己看到了一頭藍色大象，本身沒什麼意思。但如果沿著邊界思考，就好玩了；那是不對稱、非制式的——甚至是對位的（編按：獨立發聲卻和其他旋律和諧表現）。」

藍色大象的想像本身並不有趣，除非那屬於某個文本、過程、概念當中的一環。這是蓋堡對只知堆砌空中樓閣者的批判，然而，他同時也對學校制度壓抑自由思索過程表示擔憂：

「空間思考（spatial thinking）[2]在孩提階段達到最高峰，孩子呈現出來的精神面是躍進的，既狂野又隨性，迂迴而非線性。但這種迂迴的聯想，卻隨著孩子社會化而被擠壓進入單一線性思考。孩子自由奔放的思考結束於小學三年級。我們的學校體制，在最關鍵的時候卻剝奪孩子這些屬性。說真的，我想讓人們回到最初那種思考狀態，他們是具備這種能力的。每個人生下來都有創造力，而且可以強化，但並非所有人的創造力都一樣，有些人確實比較具有天賦。」

蓋堡也認為，在過去十年間，學校過於重視考試，泯滅了創造能力，這將導致競爭力下降：「就像多數公司，我不會用這種教育體系出來的人。」顯然在看待丹麥社會競爭力時，我們最成功的戲劇大師並不贊同目前的教育政策發展方向，而持同樣看法的人不在少數。

關於考試與創意兩者關係，譚葛爾的著作《復興藝術：二〇一〇年起，促進校園創意》（*The Art of Renewal: Promoting Creativity in Schools from 2010 Onwards*）有深入探討。根據訪談與其他教育研究學者提供的佐證，譚葛爾強調，目前的學校體系恐怕只會扼殺教師嘗試不同教學法的熱情，製造出一堆只曉得回答制式問題（充塞於考試系統）卻不見得能想像不同問題（例如在幻想情境當中）的學生。

譚葛爾的結論是：教師的教法愈刻板，學生愈難體驗即興創作帶來的成就感。要有嘗試意願，先得理解嘗試過程，你要親眼目睹，且被鼓舞養成隨時即興發揮的習性。專業標準與勤奮耕耘很重要，但學校若忘了培育孩子的想像力與判斷力，就是因噎廢食。

在下一章，我們將以更廣泛的角度證明，贊同拉岡者不止蓋堡，研究教學創意的學者們，也逐漸興起對拉岡等人的興趣，安娜・赫伯（Anna Herbert）即為其一。赫伯揭示了神經學研究，顯示幻想、夢境、角色扮演之於創意的重要。讓我們再透過幾個例子，說明何謂「邊界創意」。

遊走在邊界的犯罪心靈

「邊界創意」最佳典範之一，當屬丹麥廣播公司最受稱道的警匪影集系列。令人難以置信的是，蓋堡本人卻對這類戲劇深惡痛絕。「我覺得偵探跟犯罪題材無聊之至，警匪故事更是乏味透頂。『砰砰！你被捕了。』這些日子，電視上淨是這些無聊東西，」蓋堡說道：「剛坐上丹麥廣播戲劇部主管這位置時，我們播出《第一分隊》（*Unit One*），這影集表面講重案組，真正吸引觀眾的卻是精神變態的描述；那些罪犯扭曲的心靈、輕微的反社會／精神病的傾向。表面上我們在看費雪及拉庫爾兩位檢察官的故事，而底下那些波動才是劇情真正的靈魂。」

邊界創作，就是利用傳統觀念——犯罪或警匪影集——為幌子，講述截然不同的故事。

這是跨越警匪劇邊界的具體例子，不這樣，觀眾怎麼可能一再期待下集出現？套句蓋堡的話：「電視每天有上百部犯罪影集可看，我們卻都鎖定丹麥廣播公司，因為那不只是單純的警匪故事。」他說，瘋狂元素乃不可或缺，否則便淪於無聊。

暫時放下蓋堡，下章再回頭談他。先繼續沿邊界創作的主題——不難想見——這在其他訪談中反覆出現。

在我們的實證研究中，邊界創作的例子比比皆是。此際的樂高，成功地重新擁抱其傳統積木，沒有迷途太久；NOMA以道地北歐料理為核心，逐步調整變化；皇家哥本哈根瓷器則重新演繹其大唐草設計，創造出嶄新的瓷器系列。就此觀之，戈爾德及雷斯提一再由既存汲取靈感，莫不也是沿著創意邊界前行。

我們覺得樂高的例子值得深究，於是動身前往比隆市（Bellund），以了解構成這些積木概念的基本元素，說得更確切一些：樂高何以能維持銷售於不墜，並透過一堆塑膠顆粒重新賦予品牌生命？

塑膠積木的神話

樂高總部位於日德蘭半島的比隆市，我們約好三位創意設計師談談樂高的創意流程。這是六個月前就安排妥的，否則根本無法邀集分身乏術的他們同時受訪。

訪談地點在樂高樂園（LEGO's Idea House）的「鴨子屋」，一間小會議室。許多樂高玩具盒就堆在門口走道上，有些貼著標籤，註明包裝形象尚未獲得核可。換言之，這兒到處是全球兒童夢寐以求的耶誕禮物。這些積木玩具依然熱銷，設計師們稍後會深入這個現象。樂高極度堅持品質。首席設計師——在挪威接受木工訓練，後來在美國拿到玩具設計學位。他告訴我們他不時會去逛玩具店以獲得靈感，「但那些玩具壽命都不長。我們的產品則有品質保證。」

「樂高就靠塑膠積木這麼簡單的東西賣這麼多年，說來真是了不起。也許部分原因在於它融入了我們的品牌故事。我們會買樂高，因為小時候爸媽買給我們，現在我們買給孩子玩。它已變成整個國家關於歡樂童年的神話，也漸漸傳到世界其他角落。

「之前我們一百二十位設計師中沒幾人來自外國，如今已占一半。這對一個行銷全球的公司而言是個利基，各國傳承的童年故事，我們有第一手資訊。另一方面，我們也得知道該如何把東西賣到其他國家。」

好人對壞人的永恆戰爭

設計師告訴我們，絕大多數樂高玩具盒裡裝的不只是積木跟角色，更有著正反對抗的故事。假如你手中的遊戲只有黑暗人物——例如彼此對打的黑武士們——那肯定不是樂高。樂高包含了一體的兩面——好與壞，以獲得巧妙平衡。會議室後方有張小海報，述說著一九三六年第一隻上市的木製鴨傳奇，那是樂高第一個真正的商品。事實上，這間會議室所以稱為「鴨子屋」，就是為了紀念一九四二年至一九六〇年間的生產歷史。如今這個廠區作為開會及樂高歷史回顧之用，對歷史與傳統充分表達尊崇之意。海報上記錄著鴨子的創造者奧爾・科克・克里斯蒂安森（Ole Kirk Kristiansen）的座右銘：「要求最好，絕不為過」，也記載著戈弗烈・科克・克里斯蒂安森（Godtfred Kirk Kristiansen）研發出遊戲積木的事蹟。走廊上則掛著現任老闆克伊爾德・科克・克里斯蒂安森（Kjeld Kirk Kristiansen）的名言：「過去，是進入未來的發射台」。

三位設計師談創意

三位首席設計師分別是負責研發的拉森（Kim Yde Larsen）、負責產品的畢雍（Torsten Bjorn）及負責設計的雷格尼斯（Erik Legernes）。毋庸置疑，樂高不僅僅在販賣遊戲積木——就像DR播放的不是單純的偵探影集。樂高賣的是故事，以正面與創意為核心的故事。他們能擁有今天的成功，主要是他們能在邊界發揮創意。

一九九〇年代末至二〇〇〇年代初期，樂高歷經兩次重大危機。三位設計師認為是因為當時公司偏離原始核心價值太遠。不知曾幾何時，技術成為重心，色彩跟許多元素都變得太過複雜。創意過頭，整個公司受到極大傷害。為了挽救局勢，公司決定化繁為簡。根據畢雍所言，關鍵在回到核心價值：

「影響公司表現起伏的因素很多，其中最重要的，應該是回到傳統價值與優勢這個決定。我們曾害怕認清自己強項然後全心發展，我們退縮猶疑，以為全世界的小孩都追求複雜技術的新產品，結果導致九〇年代末期生產出一堆偏離樂高核心的產品。其實，真心喜愛樂高玩具的孩童非常多。我們學會專注，學會全球行銷。作為企業與服務業，我們也更懂得聆聽。老實說，之前我們有些傲慢，沒有時時自我檢討。」

樂高跑得太遠，超出了邊界——也可以說，太逃脫。如今，他們學會系統化地探索積木概念的極致，把焦點放在一個簡單而重要的事實：孩子們仍喜歡玩積木，父母仍樂於為孩子購買好的玩具。二〇〇九年與二〇一〇年全球爆發金融危機，樂高卻是異軍突起。設計師群分析，許多父母顯然以為孩子不該承受金融風暴或失業問題的陰影，而遊戲積木是他們熟悉的選擇。所以，我們再度聽到這個教訓：別太偏離你最擅長的核心領域。

發揮「邊界創意」的另一個重要面向，是積極研究市場，且具備汲取能力。我們向三位設計師探問他們如何看待競爭者，是否允許自己受對手產品的影響。雷格尼斯答道：

「你總是不缺對手，而當然，你的成功他們都看在眼裡。往前看，競爭迎面而來。我們仔細觀察當中的強力對手，他們如何推出產品？我們也不斷抓緊社交遊戲脈動。別忘了，我們會把競爭產品買來玩，也會追蹤其營業指標與市場占有率。總的來說，我們緊盯著市場趨勢，玩具跟遊戲一樣。當然，我們也需要掌握那些剽竊者的動態。話說回來，我們也不能過度關心對手，樂高必須帶領市場走向新局。就像『樂高遊戲』證明的，我們要能打開全然不同的市場。」

要能以創意超越邊界，一個重點是觀察其他對手，嗅到趨勢與對著你而來的變動。（但那不是盲動，不是剽竊，而是一種取樣，站在邊界的創意。）這番談話的另外意涵是，設計師強調：他們存在的目的是激發人們發揮創意。換言之，樂高不斷求新求變，是為了幫助顧客發揮潛在的創造力。畢雍就多次使用「共同創造」一詞。能在工作中不斷為孩子創造遊樂體驗，讓他們三人感到非常開心。

創新一途，往往是把既存事物加以融合，創意因而是取樣、綜合、中介、連結——也許是汲取某個源自美國或南韓織物，讓它能被丹麥市場接受。創意無非重新想像既有的知識與經驗；就像愛因斯坦曾意有所指：「你無須一一交代你每個點子如何而來。」

從本書談及的諸多故事、片段可知，善於創造的人擅長跨界取樣。要能打破藩籬，顛覆既有。也就是說，要想製作出不只是一般警匪動作片的犯罪影集，做出遠非一般積木可以企及的遊戲積木，必須重新融合取自他處的知識及專業，萃取出新的手法。同時，還要持續加強核心能力——就像樂高設計師所指出的。但不可一昧追求創意，在這膜拜創意的年代尤其要小心這點。套句流行語，做事不見得要更賣力，而是要更聰明。樂高之前的危機，正是做過了頭，創新過剩。解決之道，就在重返簡單。

註1：據心理動力學觀點，行為是由強大的內部力量所驅使。

註2：心理學研究範疇的一支。主要在探究人類空間思考能力如何發展、空間思考與空間概念之間的關係、如何藉由輔助工具及特殊策略建立空間概念，並解決有關空間性的問題。

十二

《謀殺拼圖》製作人蓋堡：誰知道拉岡精神分析藏有創新之鑰？

我們愈來愈接近核心了。先前的訪談告訴我們如何運用邊界創意，但若缺少熱情、想像與強烈渴望，也不可能成功。說來也許狂妄，但投入熱情的確是創意不可或缺的因子——熱情到甚至受苦。面對重重阻礙，得咬牙決定是奮力衝破挑戰，還是轉身逃開。

這兒談的熱情，是追求一個只存於邊界的未來，或促使你不斷創作的某種想像能力。對此，帕拉斯瑪在其著作《思考的手》（*The Thinking Hand*）中有所闡述：

「此種想像能力，能讓自己脫離物質羈絆與時空限制，而置身各種情境，我們須視此為最人性的特質。創造力及道德約束都需要想像來支持，很顯然，這並非僅由大腦驅動，而是在全身不斷回響，成為幻想、渴望與夢。」

這一章，我們要進一步剖析丹麥廣播公司前戲劇部主管蓋堡，為何稱熱情及渴望是他的成功之鑰，繼而探討為何NOMA主廚雷哲畢如此執著於完美。但我們要先從完全無關的地方開始：一本描寫蘋果公司傳奇人物賈伯斯的著作。

找到熱情

蘋果創辦人賈伯斯曾說，熱情是成功與快樂工作的關鍵。在《賈伯斯創新祕笈》（*The Innovation Secrets of Steve Jobs*）一書中，揭露賈伯斯於一九七二年決定休學時，帶給養父母莫大的焦慮；他們曾向賈伯斯生母保證，一定盡最大能力讓這孩子接受良好教育，此刻這承諾就要落空了。賈伯斯在書也透露，他看不出學校如何能幫他找到人生道路。

誰都無法預測，這會是個價值連城的抉擇。接下來一年半，賈伯斯決定去學他真正喜愛的事物，例如書法，儘管他也看不出那有什麼實際用途。而突破往往如此：看似無用，其實潛能無窮。賈伯斯說書法課教他領會到影像細節——如今所有見過、用過蘋果手機或電腦的人，都深有體會，簡單卻極富美學的使用介面成為電腦新的里程碑，吸引無數消費者成為蘋果迷。這故事讓我們學到什麼？也許就是：讓熱情引導你。賈伯斯在書中說：

「我深信，驅使我不斷向前的只有一個：我喜愛做這件事。你必須找出這件事。工作如此，愛情也如此。工作占人生這麼大部分，你得相信其價值，才可能得到快樂。如果還沒找到，別氣餒。跟心有關的事都這樣：找到時，你就知道了。也如同任何關係，它將隨著時間愈陳愈香。所以，堅持尋覓，別妥協。找到你的熱情所在，因為那是一切的動力。」

當然，如果能像賈伯斯那樣，所有錯誤決定、職涯轉換能化為一則成功的人生故事或許不難。但對於不屬此類的人來說，則有必要闡明熱情之於創意的實際意義。所以我們要繼續深入，以更具體的例子來說明。

渴望的力量

在本書受訪者中，蓋堡是最強調熱情之於創作意義的一位。他在前一章談到法國精神分析大師拉岡對他的影響。面對你我之間那個創意空間（可供創意發揮的），蓋堡總喜歡引用拉岡的三界說（Three Orders），「可以說，那已成為我身為戲劇部主管的工作模式。」依他看法，該三界可如此定義：

1. 象徵界（Symbolic Order）代表符號、數字、秩序、律法，讓我們正常度日的規範及理想也屬此類。蓋堡表示回到摩西年代，律法及秩序由大家長掌控。
2. 想像界（Imaginary Order）在主體我（I）與本體我（me）分離時產生。「我們的劇作家就運用這塊想像界；比方『你自己怎麼想像這幅場景？』」蓋堡說。想像之境無以直達，唯有透過象徵界及語言鋪成的路徑。
3. 實存界（Real Order）代表「整體」，其根源在「其他任何事物」上。嬰兒五、六個月大依偎在母親胸懷裡與母親連成一個整體，在此共生關係中發展出實存界。此時嬰兒對自己或世界並無意識，要再大一些才開始有主體自覺。

想像界涵蓋了幻想的力量，也包含生物本能的野性。至於實存界，蓋堡說，則表現小腦功能的運作，意味著性欲、肉體、需求、性愛和精液的來源。換言之，實存界直接表達出熱情之於創造力的重要地位。蓋堡說：

「要組織創意團隊，想像界要包括攝影師、燈光師、作者三種人才，他們得創造出不曾存在的人物。我們說的是何種角色性格？他們進入了哪種空間？而象徵界也不可或缺，得有人掌握製作，也許就是副總監一聲：『各位早，今天咱們得完成三幕進度。』在沒那麼講求創意的企業，這通常由經理人扮演。對他們而言，創意有如毒藥，運送貨櫃何需創意？職場上太常親吻也是不能被接受的。」

所以我們需要這三種人來成就一個創意團隊，光有會發想的人是不夠的（想像界），真正的創造，同時需要善於組織與執行者——象徵界——及至少一位能夠為方向定調，以熱情與動力來溝通的夥伴——實存界。

「為何創造這個場景？」

解釋到熱情之於創作的意義以及創意領袖的核心功能時，蓋堡的見解十分獨到。他對創意領袖的闡述令人印象深刻：「他們要能洞悉一切，要非常權威，要像性欲高漲的紅毛猩猩老大。」

蓋堡繼續強調，在象徵界管控之下，演員格外容易變得緊張易怒：「如果你穿著平頭釘長靴到處頤指氣使：『先這樣，再那樣』，他們會很沒安全感。」

蓋堡表示，應該先建立創意架構（像是：「我們要拍好三幕戲。」），接著，讓演員發揮。「當然，身為導演，你得進入那個場域提出建議——讓他們參與，但也要能給出不同的想像。」

鐵腕管理絕對行不通，蓋堡認為。那只會打造出一群唯唯諾諾，不敢嘗試突破的人。相對地，有創意地管理督導，會讓眾人感到被關懷而有安全感。當然，有些製片導演不吃這套，蓋堡說像伯格曼（Ingmar Bergman）跟希區考克就以威逼為手段，在他們眼中，演員只略勝牛馬一籌。兩位導演都以自大傲慢聞名，導演風格極講權威。他們刻意榨乾演員個性，令後者驚懼不已——再按照他們心中的角色重塑演員性格。

別怕被拒絕

蓋堡毫不避諱地坦誠，自己最想合作的導演是丹麥國寶拉斯·馮·提爾，但始終無法說服大師加入電視影集團隊。「馮·提爾眼中只有他自己的世界，他甚至在自己執導的片子裡披掛上陣。他的字典裡，沒有『不可能』。他極度搖擺，極端不穩定。你看戲裡的白癡——狂哭狂笑，不知羞恥。馮．提爾也差不多那種狀態，整個沉浸在創作的想像空間，完全沒有別的。但他又是個實存界類型者，可以非常恐怖。他是那種活在虛構宇宙，相信只有自己能夠解決創作困難的人。」

蓋堡說，多年來他一直很想做一件事：「我們真該製作一部有關施特林澤（Struense，一七六九年起成為丹麥國王克里斯欽七世的私人醫生）[1]的片子，沒人比馮．提爾更適合執導。」（電影《皇室風流史》於這番訪談後不久上映，原文“*En kongelig affære*”，由尼可萊．阿瑟〔Nicolai Arcel〕執導）蓋堡又說：「像馮．提爾這種人需要對的工作，你要用『只有你才能把這部電影拍成，你是上帝挑選的』這種話來打動他。其實我們差點兒談定了，結果他又退出。我沒耍心機，非常認真，我盡我所能的引誘他上鉤，但是……哎。所以，我是那個被拋棄的情人，他不要我，我卻只能隨他擺布。我有這麼棒的點子，見面時他卻只給我看一幕模型：黑色地板跟灰白條紋，然後跟我大談《厄夜變奏曲》（*Dogville*）[2]。所以啦，就像每個被拋棄的情人一樣，我對他更癡迷了。謝謝你啊，馮．提爾。」創意領袖有可能沉迷其中不可自拔，你可能會變成被丟掉的新娘。但如果你想組成最棒的團隊，就得使出渾身解數，以迷惑以熱情以愛慕召喚他們。只是你臉皮要夠厚，因為你會不斷被拒絕。

蓋堡口中的創意世界

那麼，創意領袖要做什麼呢？「進去毀掉所有象徵界的安排。簡單說，那就是我的角色。我們必須大膽釋放想像界，讓所有可能性綻放，不拘形式。但同時我們也要能放下創意流程，回到製片模式。我相信創意研發跟製作是一體兩面，想像界需要訓練也需要規範。先做夢，把它寫下來。底層必須有性欲跟愛情。」所以蓋堡是說，創意牽涉到具體的製作，而想像力其實可經由學習獲得。如同本章開頭引用的帕拉斯瑪所言，想像並非純屬認知；身體自有其欲望幻想與熱情，那是我們置身「你」、「我」之間時，也要能夠感受的。我們也認識到：創意實際上是「我們」通力合作的成果。創意領袖要能組織最適當的團隊，繼而駕馭他們，培養這些不同性情者。基本上，我們既需要滿腹點子的人，也需要能將它落實之人。就創意而言，我們只需赤身露體，贏回艾美獎：熱情與生意，是一體的兩面。

拉岡在創意邊界

說到潛意識，拉岡是重要的代表人物之一。這本二〇一〇年問世的《創意教育學》（*The Pedagogy of Creativity*），探討創意與學習，作者是瑞典隆德大學（Lund University）教授安娜・赫伯。赫伯於書中談及她如何遇見這位十年後成為她博士學位指導者的講師，該講師素以創意教學法為人稱道。誰都不曉得一堂課會衍生出什麼，創意教學往往讓學生不知所措，但這位講師接受一切不同意見，視錯誤為教育過程中的自然環節。就是這位講師，向赫伯介紹了拉岡。起先赫伯對於埋頭鑽研那堆複雜理論感到十分迷惑，後來，赫伯對教學與教育理論的創意流程發生興趣，深受拉岡影響。

赫伯寫道，創意理論多半是依據認知研究，強調智力為主的驅動力、大腦引導的種種前提和創意與心理發展之間的相關性。而儘管這個研究領域已有長足發展，包括探討智力與創意、某些精神病理學與擴散性思考能力之間的關係，但赫伯堅信，這些理論仍不足以檢視某些區塊。

舉例而言，潛意識雖已獲得認知學派在內的多方支持，當代創意文獻卻付之闕如。一般認為，創作中，處理階段特別重要，此時會產生新想法。但，究竟這些過程如何運作，卻始終缺乏明確描述——只知會涉及右腦。赫伯認為有必要加以明確闡述，並覺得拉岡理論嘗試運用分析提供解釋，讓人更容易理解這些過程。

所以說，蓋堡並非唯一的拉岡迷。以下是赫伯版本的拉岡三種知識說（三界說）：

1. 知道（Connaissance），意指可想像有關他人情境的能力。
2. 懂得（Savoir），意指以語言來象徵及描述所知的能力。

3. 才能（Savoir-faire），意指我們透過象徵或具體（包括身體）表達的知識。

根據赫伯構成創造能力的，就是這幾種知識的互動。在這個範疇當中，具體形式的知識——蓋堡稱之為實存界者——格外重要。

赫伯相信，某些人特別有創作傾向，但任何人也都有潛能把創意發揮出來。前後兩者的唯一差別在於：富有創意者，比較能在各種情況活用其創意過程。依照赫伯說法，夢境讓我們得以充滿想像地置身各種情境，所以可為我們指出方向；而角色扮演，則可揭露我們從不自知的個性。

拉岡理論也讓我們看清他人對創意的重要，例如我們會因為一場演說或一個電視節目，領悟到自己從未覺察之事。這不是說，一看到或聽到新東西，就該立即反應。重點在於去經歷那神秘的過程，如何讓結果異於我們預期的。因此，我們必須保持開放，接受那足以喚醒創意的潛意識或顯露於心智活動中的意識。我們要有勇氣讓一些混亂進入教室或工作場所，那看似無用的偶發事件，很可能帶領我們深入一個難以想像的境界。我們也要留意，試著透過本能的實存界，將藏身於想像界的創意帶到實際生產線來，使其成真。

克里斯汀森曾於多家企業施行創意管理，包括哥本哈根皇家劇院——分享他身為國家劇院棟樑的體驗。他說，最重要的一點，莫過於同時顧好鍋爐與火焰——建立明確架構，但不強行控制。下一章他將分享他的故事。

註1：是一位極富啟蒙思想的德國醫生，受國王信賴成為政府大臣，權傾一時，圖謀改革，後與皇后發生不倫生下一女，成為當時一大醜聞。

註2：二〇〇三年上映的丹麥電影，馮·提爾執導，妮可基嫚主演。

十三

前丹麥皇家劇院執行長：讓管理給創意自由

我們跟克里斯汀森約好，在他位於哥本哈根聖安廣場（Sankt Annæ Plads）的辦公室見面。擁有法律學位的克里斯汀森，曾任皇家劇院執行長與國防部長，目前則是丹麥廣播公司兼奧胡思大學董事長。猛灌咖啡與開水，他開場就表示留了很多時間給我們。聊了幾分鐘，他氣定神閒地將話題轉向創意——雖然，他不確定我們怎麼會找上他？而我們非常確定：找上克里斯汀森，是因為他有這麼豐富的管理創意流程、人才跟組織的經驗。

「我要當個有意思的談話對象」

克里斯汀森說，從劇院跨足到國防，他為自己漫長的管理生涯設定了一個明確的成功標準：「我要當個有趣的談話對象。如果沒當成，不能怪別人，我得更努力搞清楚我的員工在做些什麼。」

他說，一個全面的管理者不僅得顧著鍋爐，也得確保爐火不斷。前提是振奮員工的士氣，讓大家充分學習專業知識。不了解鍋爐房的作業情形是不可以的。所以，任職國防部長時，他不斷參觀各單位和軍營，隨他們演習。這讓他充分理解自己被聘來管什麼，讓他跟部下溝通或為他們向上級爭取時言之有物。

領導者必須通曉下屬使用的語言，如果不會就得學，也許過程頗為艱辛。如果你是非科班出身的醫院院長，不由分說，你就是得進手術室，跟救護車出勤，不時走訪各個醫療部門。在外，你要能熱切地推銷麾下各主任大夫——儘管每天你都在辛苦建立與他們的交情。

劇院與腦室（ventricles）

換言之，管理者必須是個有趣的談話對象。就克里斯汀森的例子來說，在他擔任劇院經理時，他一年觀看一百二十多場演出——包括歌劇、芭蕾、舞台劇。他要求自己和總監們討論專業問題，所以不能不懂。這不是他就任時便具備的本事，他必須非常努力地重新打底。幾年下來，他果然贏得下屬對他的敬重。他當時的妻子是一名演員，給予他很大的肯定：「你到劇院頭幾年，講話就是個律師樣，一點兒也不有趣，」她說。

訪談中，克里斯汀森認為自己達到了標準。他巧妙拿捏管理的收放，極為反對控制式領導。他主張應先勾勒架構，然後訂定對所有管理人的清楚要求。他輕鬆地來回聊著他在國防部、劇院、國家廣播公司與研究管理（Research Management）職位等經歷。研究管理一職的淵源，起於他在奧胡斯大學擔任董事長。

克里斯汀森深信，劇院經驗絕對能帶到研究領域——那甚至是未來確保研究品質的必要條件。在此，他再度批判控制。他主張讓頂尖研究在「腦室」進行：所謂腦室，是指受到保護的空間，允許進行實驗與基礎研究，包容犯錯。他甚至認為，這些腦室不該設在傳統的組織架構上，也反對依照文獻計量標準（bibliometric values）來控管研究。

毫無疑問，奧胡斯大學找來的這位董事長，對研究甚有見解，不會只是個橡皮圖章。總地來說，克里斯汀森在訪談中暢談其管理體悟；那寬宏的視野，唯有深刻走過大風大浪者才具足。克里斯汀森的深厚見識讓他能夠洞悉種種關聯，未經訓練的生手根本無緣一見。

正因如此，我們將轉個彎到距離聖安廣場頗遠的某處，探索創意對企業為何較以往更重要，以及所謂「創意」在意義上有何轉變。

創意帶動復興

人類的創造力與促使我們不斷進步的各項發明，都是令人讚嘆的主題。十八世紀的英國，機器取代人力，正是人們熱切追求更好、更快、更有效率的成果。發源於德國的二次工業革命也是一例，見證了電氣化與汽車之快速發展。一九五〇年代的日本持著同樣態度，大幅改進了產能、精益作業（leanness）與庫存管理。

然而，就像史學家賽門・維爾（Simon Ville）在著作《企業創造力與革新》（*Creativity and Innovation in Business and Beyond*）所說的，近來管理文獻多將焦點擺在革新，相對忽略創意，原因或許在於革新的成果具體可見。革新意味一項新產品問世，可賣給數量可觀的消費者，或是降低了製程中的費用，其成效由公司損益表可見一斑。創意不然。許多創意流程無法反應在公司評量表上。維爾則強調，愈來愈多企業開始理解：不能再一味只講求革新，那樣的產品將很快退流行，除非，革新背後的推手，是公司透過創意過程培養出來的人。

「創意」（英文：creativity，丹麥文：kreativitet）一詞，大約在一九六四年首度出現在丹麥文裡，距今約五十年。英文的歷史較為久遠，可溯及十七世紀，但當初幾乎僅用於神學範疇，與當今「創意」意涵相距甚遠，直到一九四〇年。於是，十九世紀針對天才進行的研究，與當今所談創意頗為相關——但存有關鍵差異。

現在，創意被視為知識經濟存續要件。也許每個人的創造力不同，但盡力促使眾人相信自己具備創造潛能是非常重要的。基於這個理念，便有一派強調創意並非藝術家專屬，而是一種具經濟價值、可分享、可觀察，且是所有人都能學習掌握的過程。如同奇克森特米海伊所寫的，創意「不再是少數人的奢侈品，而是所有人的必需品了」。

全球勞動市場開始看重創意等相關技能，不再如過往那般重視相對狹隘的專精技術。另一方面，研究圈的主流看法認為：創意應該被視為社會實踐中的共享事業，而不是來自內在的神秘產出。創意並非獨立於世俗以外，當某件嶄新、有意義的產品誕生，創意就在其中。所以創意研究有所謂四P，即在理想情況下，創意誕生的四個必要前提：有創意的人（People）、過程（Processes）、產品（Products），以及環境（Press）。

因此，能從克里斯汀森一席談話獲得啟發者，絕非僅止於劇院總監之類所謂創作管理人而已。這個世代，國家能否研發新品，保持創新能力，乃繫於人民是否有足夠創意與革新能力；相對地，能幫助組織發揮創意潛能的領導力，也同等重要。

建立彈性的組織架構

與克里斯汀森的訪談隱含了一則訊息：要管理創意事業，建立架構是首要任務。他說：「在國防部擔任部長時，我花許多時間視察所有單位，以了解我所領導的業務。從那裡到劇院以至董事會，經驗教會我尊敬自己所屬的環境。管理劇場、研究界或醫院都一樣，你一定要有建立架構的能力，但不能用強硬控制的手段。」

根據克里斯汀森的看法，那不僅包含具體架構，也涵蓋工作時數與薪資之類的課題。他認為，丹麥模式的基礎就在人們的彈性：在有行動自由的架構中，調整跟運作的能力。克里斯汀森說他在劇院時，給總監與員工一個包含時限與財務規定的架構；只要在架構之內完成要求，他不會干涉總監如何運用時間：「只要沒超出範圍，基本上我不管他們怎麼做。假如他們想在六週上演一百場，那也是他們的決定。」

你必須充分了解你所管理的業務。「我在劇院馬上明白我並沒有，」克里斯汀森說。他必須融入，要有批判能力；而從他自身角度看，他也終於成為劇院最優秀、經驗最豐富的觀眾，儘管開始時頗為辛苦。「那些總監都沒具備我這樣的觀眾歷練。」克里斯汀森成為劇院的對外窗口，但所有決定依然由總監們負責——克里斯汀森則握有財務否決權，如果總監們想運用的元素（如主角、技術人員）超出劇院預算，他有權予以否決。

我們是黑馬

這樣的架構打造出一種開放空間，克里斯汀森認為那是創意關鍵。「我希望在劇院夥伴間營造出一種團隊情感，讓大家以身為黑馬劇院（Theatret Ved Sorte Hest）的一員為傲。」他覺得規模太大不是件好事——大夥兒的凝聚力跟信賴感不容易建立起來。基於這個原因，他曾帶著同仁參觀馬戲團，學習人家怎麼沿著邊界前進。「如果我們是一所大學，怎樣也不會變成馬戲團的，」克里斯汀森說：「但也許我們可以參考其中某些元素。例如他們的高效率：在各地巡迴演出時，必須在幾個小時內搞定整個演出。電影製片也是。這些情況下，財務考量甚於藝術，這就是我希望同仁參觀後能夠思索的地方。」

克里斯汀森覺得，沒做好執行與財務的基本控制，別想奢談創意。所有環節運作要有一定的透明度。管理階層往往只顧按照計畫走，忽略了長遠發展而面臨危機。「我剛接劇院那幾年就是這樣，什麼都管，卻也逐漸發現，我太缺乏相關知識了。」

根據克里斯汀森的看法，要先充分理解自己管理的產品，才可能成為成功的經理人。如果在創意產業，你就必須挽起袖子走進鍋爐室，幫著顧好爐火，只曉得爐子運作正常是不行的。

就管理者的日常工作而言，這種領悟意味應重新安排時間：「一旦你決定花時間去讀劇本，就是決定把時間用在跟管理不那麼直接相關的地方。」而這麼做，管理者並不是要取代總監的位置，也不是企圖控制，而是想深入了解孰輕孰重。

定義你的管理者角色

克里斯汀森強調，要做好管理者的當務之急，是清楚定義自己的角色，因為嚴格來講，你並非創意流程的一環，你不應任意干涉藝術創作，卻也不能任藝術家們因為你不是藝術家而忽略你。「我是個協助者，就管理層面而言，這角色非常重要。就像一個凡事站在顧客立場的店員。」在這明確的界定之下，哪方面議題由誰做主，非常清楚。換言之，這可說是管理創意產業的規矩，也是領導及創意相關研究指出的關鍵。

創意是可以管理的

一九五〇至六〇年代學者們開始研究創意以來，對於創意純屬個人這種解釋的質疑聲浪愈來愈高。根據最新理論，創意乃建基於集體過程，實現於特定環境下。如比爾頓所言，因為這些特定的環境或系統，創意、革新與個人的天賦才顯現出意義。

很多人對創意的解釋有誤，認為創作者在孤獨狀態最能爆發潛能，以及創意來自本身。而克里斯汀森的故事提出反證，就像其他許多例子所顯現的：創意需要架構。

結論

克里斯汀森的故事是則凌亂的管理經驗，但請從正面解讀「凌亂」二字。他很快就理解到：如果不懂自己管理的領域，就無法成為真正的管理者。於是他煞費苦心，下足工夫。要成為創意與知識產業的領導者，你勢必得親近員工所從事的一切，唯有如此，他們才可能視你為值得討論的夥伴。關於創意管理，下面整理出幾個要點：

1. 與其施行控制，不如先建立架構。
2. 要成為受敬重的領導者，你必須了解所處的產業。
3. 爐火燃燒著的創意空間很重要。打造「腦室」以保障創意，提供有責任的自由空間。

十四

NOMA：不想成為法國餐廳，在冰天雪地中挖掘自然之味

要推廣永續創意，最核心也最麻煩的兩難恐怕在於：一端是種種限制與明確的概念思考，另一端則期待爆炸性發想。克里斯蒂安總愛說：數量帶來品質，點子愈多，能試的愈多，成功機會就愈高。但在其他時候，創意需要深思後的嚴謹來加以引導。

我們知道作家有時會透過寫詩磨練筆鋒，將思緒凝練成十行文字，而非任其揮灑至三百頁。短篇小說也有此作用。美國詩人愛倫．金斯堡（Allen Ginsberg）認為第一個意念最好；創作歌手李歐納．科恩（Leonard Cohen）則為一行詩句琢磨經年，因此科恩花費二十一年光陰才完成那本集結詩、散文與插圖的《渴望之書》（*Book of Longing*），被朋友（及出版社）戲謔為《延宕之書》（*Book of Prolonging*）。樂高的成功，是在有限時間內發揮最大創意，並對樂高積木單純本質所創造出來的巨大潛能，保持著無比信心。成堆的點子，嚴格的管控，兩者其實都是激發創意的有效途徑。

在這章要介紹的是NOMA餐廳，聽聽有益的限制如何重要，讓「北歐料理」經由嚴謹的概念思考獲得新生。

NOMA現場

二○一○年起，連續四年，NOMA被英國飲食雜誌《餐廳》（*Restaurant Magazine*）選為全球最佳餐廳。此項評選活動有如飲食界的奧斯卡。透過嚴謹的思考以追求創意，NOMA堪稱典範。它以善用北歐特殊食材改寫了北歐料理。

NOMA如何改變丹麥的飲食業？如何成功扮演催化劑，扭轉了整個北歐烹調文化？運用何種創新點子讓其他產業——烹調、農業、食品原料——相關夥伴的創意潛力釋放出來？丹麥創業家麥爾是NOMA的創辦人，我們在二〇一三年三月訪問他，了解NOMA誕生的經過：

「NOMA是從一個名為『年度大菜』（Dish of the Year）的活動開始的。我在二〇〇〇年跟索倫．法蘭克（Søren Frank）提出活動的構想，法蘭克是丹麥《貝林時報》（*Berlingske Tidende*）的美食評論家。我提議讓丹麥美食評論家齊聚，向當年度最令人驚豔的美食致敬。對於法式料理稱霸丹麥的現象，我厭煩透了，每年就看康漢斯（Kong Hans）、索樂羅德酒館（Søllerød Kro）這些法國餐廳摘下米其林星星，接下來那些宴會也都很老套。你看到這些星星總落在最保險也最昂貴的餐廳，但食物本身卻不經意地受到輕忽，創新成為不可能的任務。

「說來荒謬，談到最好最有意義的食物，好像除了鵝肝醬跟烤鰈魚別無其他。料理應該要能帶來驚喜，隱含季節與自然景觀，就像在南歐可以看見的；甚至，餐廳還能跳脫原來風格點出新方向。而這一切卻都沒有發生。

「當時我還沒有經營餐館，於是法蘭克跟我籌辦了『年度大菜』，同時也成立了丹麥美食評論協會（Association of Danish Food Critics）。幾年下來，你可以看見大家公認最棒的料理，都是由當季在地食材料理而成，且不斷追求新意。法式料理雖十分美味，卻不是往這個方向前進。

「二〇〇二年，我受邀經營餐廳，原址是哥本哈根克里斯提安港的老倉庫，據說附近有文化中心，到處都是來自格陵蘭、法羅群島、冰島的建築風格。實際上，三百年前這地方正是這些國家貿易往來之處。參觀倉庫時，我想起之前一個專案的心得：要成就『精采料理』，廣泛的原始食材乃必要前提，如此發展出來的飲食文化，才有可能在國際上占有一席之地。此時我開始明白成立這間餐廳的意義。我們可以引領一種嶄新料理，或者如後來在NOMA第一本菜單上所說的：『透過這間餐廳，我們希望重建北歐料理，讓它的出眾口味與個性能擁抱北極圈，點亮全世界。』回頭看這段話，也許『遍訪』要比『重建』來得妥當。

「我在二〇〇三年春碰到雷哲畢（René Redzepi），隨即邀他入夥擔任主廚，後來也答應他讓馬夫．雷夫斯隆（Mads Refslund）加入主廚行列。有一回，我們到格陵蘭、冰島與法羅群島出差考察，在首都托爾斯港（Torshavn）嚐到滋味絕美的蕪菁，香甜多汁，口感清脆。我無法相信那跟自家院子裡種的竟是同一品種。也許，當地的氣候土壤對北歐作物的影響，一如葡萄對葡萄酒那般；也許，所謂『風土』（terroir）這概念並非法國人所專屬。我開始跟知名植物學者尼爾斯．埃勒（Niels Ehler）來回討論。根據我對可可及咖啡的研究，如果讓植物有充分的時間自然熟成，它們自會發展出複雜的內部體系與結構，香氣會更醇厚，口感層次更加豐富。而那些只熟成於丹麥、挪威、瑞典的作物呢？或者那些成長速度較慢的大麥、燕麥、裸麥、梨果、甘藍菜、藥草，以及利姆海峽（Limfjorden）所產的牡蠣與淡菜，各類漿果，或是化為肉類、乳品跟乾酪的牧草？想想看，或許一直以來，我們擁有這些世界級食材，卻只顧著生產廉價食品的原料而忽略了這些寶藏。埃勒跟我開始通信分享經驗，結果成為一篇有關風土概念的文章，收錄在我跟雷哲畢於二〇〇四年出版、紀念NOMA開幕年的書裡。

「NOMA當初不是為了成為全球最佳餐廳，而是想探索北歐食材變身世界一流料理的潛能。我心裡明白那很有機會，只要我們將整個北歐從北極圈到自家菜園的食材全部納入。這就是為何NOMA是『北歐』而不只是『丹麥』料理。當然，也因為『北歐』一詞力道萬鈞，而且算是『處女品牌』」。

追求遠大目標

從前述故事可清楚得知，麥爾其實是把NOMA當作一個追求更大目標的工具，潛藏在這目標底下的原則，就在「北歐美食宣言」（Nordic Cuisine Movement Manifesto）。這份宣言是在二〇〇四年的北歐美食研討會（Nordic Cuisine Symposium）上提出，成為北歐料理運動的指南。背後則是一個充滿革新精神的成功企畫，讓這名詞迅速傳播到北歐每個角落。麥爾說：「我們希望讓北歐整個餐飲界能夠互相交流，分享彼此擁有的知識，勇於嘗試，逐漸累積成一股足以改變現況的龐大能量，吸引更多關注、需求與創新。短期來說，NOMA確實創造了可觀動能，它的理念成功造成話題，上門的客人絡繹不絕。」

麥爾也強調，時機很重要。「最受歡迎的法式與西班牙料理就很欠缺這種遠大目標，雖然他們提供各式各樣的美食，主廚們卻沒有肩負什麼責任。一切食物只在炫耀主廚自己，而餐廳就像僅為達官貴人開放的廟堂。但時代在變，人們愈來愈關注自然環境、肥胖、糖尿病、非洲饑荒、人口續增而糧食不足等議題。全球美食記者對重複報導鬥牛犬餐廳（El Bulli）與西班牙料理感到厭倦。二〇〇二年，世界渴望一個能面對這些議題、回應時代精神的烹飪概念，我深信如果你能兼顧美味與時代責任，就有機會讓飲食界整個改觀。事後證明，雷哲畢正是這麼一位符合天時地利人和的最佳選擇。坦白講，最初我並沒看出他有這麼大的潛力。也許有更簡單的途徑，但現在看來，很難想像有誰比他更能達成這項使命，而且他不斷自我驅策，推陳出新，實在很了不起。」

這份宣言一炮打響了北歐飲食概念的知名度，NOMA成功將背後思維推上國際舞台。現在，麥爾正致力擴大運用他從NOMA與北歐美食運動得來的經驗。他嘗試將這些經驗化為某種「軟實力」，為玻利維亞拉巴斯市（La Paz）——南美最貧窮的首都——注入希望與進步。「玻利維亞有個為此而設的信託機構，擁有豐富的金錢與知識資源。透過它，我們準備開設一間美食餐廳，教育窮人踏入餐飲界。同時我們也在推動一個備受稱道的運動，釋放玻國烹飪文化的潛力。如果成功，我想丹麥的國際援助能力也將更上一層樓。」

創意未來

說了這麼多關於NOMA的成立與北歐美食運動，及兩者間的相輔相成，而NOMA餐廳本身的成長與食物又如何呢？每天給雷哲畢回饋意見的執行長克萊納，對於NOMA的未來與發展潛能有何看法？克萊納跟我們強調：限制與更新間的拉扯，一直是NOMA成功的重要關鍵。

克萊納說，NOMA不斷創新之道很簡單，就是讓創意一直成長——但要恪守北歐概念：凡事務必完美，不能只滿足於重複與慣例。他也強調，要保持不斷創新是件非常艱鉅的工作，NOMA卻始終堅定地追求這個目標：

「比方說吧，現在我們有一道以鹿舌料理的主菜。我們設法想出別人不曾嘗試過的東西，大膽挑戰味蕾的『慣性』。」不難想見，在NOMA，這番保持創意的企圖始終凌駕於獲利。

當然，我們也問了克萊納他是否認同邊界創意的看法，他說：

「我們本來就被自己的背景局限著。即使你想跳出框架思考，實際上是卻做不到的。思考不可能完全跳脫自己所建構的框架。但我們確實是在思想的邊緣地帶遊走。只有在那裡，才能挑戰一切。那就是我們看待一樣素材的態度：它成長於自然界何處？與哪些東西共同生存？」

換言之，在一個像NOMA這樣極度講求創意的環境中，日常創意受自身脈絡很大的限制。就NOMA而言，那絕對就是北歐文化脈絡。而我們要強調：這種限制極具效果。把某樣食材當作一種概念，承襲文化脈絡，出來的料理要能代表一種環境，甚至重現大自然。如此，這項食材原生背景重現盤中，符合NOMA精神。克萊納說，這種每天發生的即席創作，先由雷哲畢決定關鍵字，像是「松樹」、「鹿舌」，某個顏色，某種自然生態。克萊納解釋：

「拿這道料理來說吧：羊奶慕斯酸模冰沙（sheep milk mousse with sorrel granite），很顯然，那是根據在酸模草地放羊的意念。我們還有幾道菜是以『慘敗』為主題呢。」

拿關鍵字來激發想法，但這些實驗絕不能影響餐廳運作。他們歷經無數錯誤，許多料理永遠登不上菜單。但一道菜只要進到餐廳，面對顧客，他們幾乎零失誤。

是阻礙，還是成堆的點子？

在每個訪談裡，我們都會問到無邊發想與限制之間的關係。所謂限制，多半以宣言或概念的形式出現。以萊斯而言，他強烈主張限制之必要。如我們稍早聽到的，其創作特點在嚴峻健行帶來的平和寧靜。以阻礙激發創作，這種想法可見於馮・提爾的電影《五道難題》（*The Five Obstructions*），這部片描寫種種形成挫折、進而激發動力的片段與阻礙，跟萊斯的藝術作品頗為類似。萊斯說：

「馮・提爾呈現出各種不可能的情境，讓你全然絕望，而情況愈糟愈能逼得你創新。我自己很相信困境之必要，我相信艱難處境會激發人的潛力。」

後來我們問萊斯對於數量與品質、粗胚與限制有何看法，他以畢卡索為例，證明數量絕對可提升質量。畢卡索晚年格外多產，眼前永遠坐著一位模特兒，他畫出的各種主題呈現近乎絕望的狂熱。數量累積提升了質量，這是一例。

萊斯自己則偏好嚴格規定——禁止某事，挑選限制。例如不許移動相機。「為什麼一定要用盡一切可能？是不是太孩子氣了。」他說。我們應該著重成果。「只因為你有這些設備，不代表你就得用上它們。」所以也可以規定：不許什麼都做。這是藝術工作的重要原則。萊斯很高興那些「道格瑪95宣言電影運動」（Dogme 95）的導演們——像是湯瑪斯・凡提柏格（Thomas Vinterberg）、索倫・克拉・雅布克森（Søren Kragh Jacobsen）、歐爾・克里斯汀・梅森（Ole Christian Madsen）——參與了這項運動。他們曾是他的學生，後來對他頗多批評，但萊斯認為，一個人只掌握少許技巧是一大美德：「回歸到基本——我是說，聲音是什麼？影像是什麼？回到最基本。每當有人跟我挑戰這個思維，我就很高興。」

我們可以肯定，創意跟數量、大規模製作、活力、刺激是並駕齊驅的——跟限制、規定、界定範圍也是如此。這與我們從英格斯那兒聽到的一致。英格斯以為，最恐怖的情況，莫過於聽到業主說：「隨你怎麼做。」你需要可遵循的原則。創作需要自由發揮的空間，但不能沒有嚴格的管控。

營造創意文化的氛圍

這跟公司組織比較相關。組織應該著重於價值取向，就像NOMA的宣言，還是應該讓創意自由飛舞？諾貝爾化學獎得主萊納斯．鮑林（Linus Pauling）曾說，想獲得好點子，最好的途徑就是先有一大堆點子。按這說法，最好放任員工自由發想。

世上有創意的人確實極為多產，點子不斷。畢卡索與馬塞爾．杜象（Marcel Duchamp）、塞尚、梵谷堪稱近代多產的重量級畫家。保守估計，畢卡索一生約有兩萬幅畫作，也有人說實際數目將近三萬。巴哈每週寫一首清唱劇，持續多年。愛因斯坦雖以相對論聞名，刊出的其他論文約有兩百五十篇。愛迪生申請的專利達一千零九十三項，至今無人能及。

這些天才生產了許多作品，但不是全部都達到同樣水準。上述不少人的成品就乏善可陳。拿畢卡索來說，他晚年非常多產，但作品並非都是傑作；當多數藝術家及評論家忙著投入表現主義時，畢卡索著手嘗試新的表現主義，一些主題頗為粗俗且近乎色情。麥爾毫不避諱自己會犯錯，他有滿腹想法，有些超越現世，有些實在不怎麼樣。堅持不懈需要勇氣跟毅力，而就如麥爾所說的，犯錯沒什麼不好，因為那會讓世界更進步。

所以該做何選擇？我們建議公司在概念、方向、願景上，應予以控制，讓創新有可以依循的架構。這意味著，如果你希望打造或維持充滿創意與革新能量的公司，最重

要的工作——尤其對經理人而言——是建立一個充滿幽默戲耍，敢於承擔風險的文化。瑞典研究創意的學者高朗．艾克華（Göran Ekwall），在其針對創意組織所寫的文章說，營造創意文化，首先要建立一種創造氛圍，鼓勵討論、戲耍、展現幽默、自由思考。創意氛圍會自行發展為一文化性格，成為組織的基本屬性。無論在公司或教育單位，大家貢獻的想法愈多，出現好主意的機會相對愈高。對於既定行事方法，也要給眾人質疑的機會。

換句話說，我們要鼓勵大家交換意見，看如何能把事情做得更好更有效率。若公司充斥著恐懼焦慮是行不通的，大家可能因擔心自己的表現而產生隧道視野效應。這種不確定、懷疑、自我修正所累積的負面效果很強，會阻礙點子的流通。

據說，日本劍道大師澤庵宗彭（Takuan Soho）曾言：「當劍道大師面對敵手，他腦中沒有對方，沒有自己，也沒有手中劍，僅是緊握著劍站在那兒。沒有思考招式，全憑身體指揮。」

這番話令人聯想到禪宗所謂的「無心」，主、客體及行動合而為一。創意亦然，對個人與團體皆是。當我們進入忘我狀態，拋開自我，放下自覺與自我修正，全然投入，就比較容易與潛意識連結——那經常是好點子誕生之際。接下來就可以評估這些想法、提案或提示。

《創意思考》（*Creative Thinking*）作者麥可．邁查克（Michael Michalko）以採珠人為例，生動點出量化產出何以能帶來品質，何以要克制過早的自我修正。他說，採珠人出海尋找珍珠時，不是潛水取一顆牡蠣上岸、檢查其中是否藏有珍珠，而是採集相當數量的牡蠣，整個帶回岸邊，看看運氣如何。長久下來，他們省下可觀的時間。

就企業而言，有許多工具可確保大量產出。此時得要求員工提出一定數量的點子，時間也要有所限制，讓員工無暇顧及內心的自我批判。下一章會更詳細地討論，此刻我們先由本章擷取出三個要點：

1. 創造新事物的那些人，不免會犯錯，但發想的點子愈多，碰到好創意的機會就愈高。
2. 阻礙或限制，可有效控制產品品質或品牌形象，劃定界限也有助簡化工作流程。NOMA的北歐美食宣言，便是很好的例子。
3. 創意革新往往是當前缺失的解藥，重點就在如何分析這些缺失，創造能解決問題的新產品。

本章用了NOMA來說明找出遠大目標的重要性，它會驅動創造力。下一章將回頭看NOMA與樂高，兩家公司皆點出在創意流程中，由上至下管理階層與員工共同參與很重要。扁平式組織被視為丹麥及北歐企業的特徵，也是研究文獻指出能激發創意的核心要素。

hummel
hummel
hummel

十五

NOMA：實習生也秀一手，生成新菜單的週六實驗場

在這一章，我們要深入探究創意過程，尤其是由員工通力合作達成的創新。這些案例充分顯示：員工投入、實驗空間、原料新組合、打破障礙，確實是促使創意在過程中發揮效能的核心要素。

我們繼續前一章與NOMA餐廳執行長克萊納的訪談，向他請教NOMA的成功祕訣。除了必要的掌控、追求完美、限制、沿著邊界前進與管理階層間的密切合作之外，創意流程還有哪些重要元素？

克萊納說，雷哲畢竭力讓所有員工了解一個全球餐廳的運作，截然不同於他自己以往在法國與西班牙擔任學徒時的體驗。NOMA要使管理層級與學徒間零距離，有別於餐飲界的傳統。雷哲畢要求廚師與前場服務生都要能夠獨立思考，同時他努力剷除他自己在法國深刻目睹的慘烈競爭。在那個環境，為了升上主廚，所有廚師不惜踩著別人打壓彼此。

團隊思考很重要，雷哲畢說他底下頂尖的廚師「悟性極高，很能掌握實際狀況。不拘泥於自己的思考，能迅速融入我們的做事方法。」

厲害的廚師能即刻找到自己在團隊中的角色，領悟工作進行的要訣。雷哲畢強調獨立思考的重要，因為他不要只會照本宣科的機器人，他要的人，必須直覺夠高，底子夠強，有足夠的自信品嚐與判別。這些是在NOMA做事的基本條件，尤其是能夠融入與獨立思考。在這間要求達到極致的廚房，創意乃必要條件——而此處所謂創意，是具備非凡創新又合宜的思考能力。

克萊納進一步說明：「我們的週六實驗很關鍵。每個禮拜，某個小組——例如負責冷盤的——要琢磨一道新菜式，準備在週六晚上端出來給雷哲畢跟副主廚品嚐。隨便他們怎麼弄，有時純粹好玩，有時果真令人驚豔。副主廚們負責評論，如果過關了，就有可能登上菜單。這讓廚師們看到研發創新的空間。我們要激發他們的思考能力。當然，餐廳必須嚴格控管，顧客上門，絕對不能讓他們失望。也因此，我們透過週六節目讓大家奔放一下。」

本章焦點便是這個週六實驗場所帶來的啟發，尤其要看：為何員工投入對創意過程，甚至對獲益如此關鍵。談到這個，我們也要重訪樂高，其首席設計師畢薙將公司近年亮麗表現歸功於「軟性價值」（soft values）：員工參與、緊密對話，及上下層級間的距離縮短。

讓基層員工多多參與

要說創意與企業互為表裡，不能不談員工參與之必要。二〇一〇年，英國社會學家桑內特在廣播訪談中的說法引起各方矚目：「有時基層人員比管理階層聰明，因為他們更了解公司的日常運作。一家公司上下之間的距離愈遠，核心知識就愈難到達最上層。」

桑內並且認為，五年前衝擊西方經濟的金融危機，與西方國家大企業內存在此種問題有關。若當初管理階層了解主要員工操作的財務機制，必然會及早因應。若他們與員工夠靠近，必然可接收到相關訊息。不幸，因為一無所知，而讓情況愈演愈烈。

基本上所有相關研究都指出，創意——意指創造具有永續新事物的能力——不可缺少員工的參與，要讓他們有對話與辯論的空間，給他們找出問題的自由。一個組織的緊密度愈高，這個可能性愈大。下面我們就要探討這個問題。樂高與撼魔的產品研發，就是在各個專業團隊緊密對話之間展開的，包括：工程師、設計師、業務行銷、傳播與管理。過程中最重要的，就是打破任何障礙。這點正是克里斯蒂安與樂高設計師群的共識。但先讓我們回頭看看NOMA。

週六實驗場

克萊納跟我們強調努力是成功的法門，還有：你得不斷領先市場，創造出更好的東西。這點絕對重要，因為顧客期望值只會不斷升高。克萊納認為保持活力很要緊，「我們不能變慢變胖，不能失去高效率。我們沒有那個權利。」

我們問，這種追求完美的態度是否有助於吸引他們要的人才。

「我毫不懷疑。我也相信NOMA被冠上『全球最佳餐廳』頭銜有吸納人才的效應。但每個禮拜六，這些廚師彼此獻藝，大家挖空心思設法讓別人目瞪口呆。當客人都離開，差不多深夜一、兩點，我們家的廚師們就會聚在一塊兒互相獻寶。」克萊納笑說。

NOMA的週六節目為廚師提供了獨立思考的空間，這是雷哲畢最重視的價值。這個時段打造了「瘋狂空間」，讓實驗充分演繹，讓創意任意奔馳，成為不受日常嚴謹控管的化外之地。新菜式不斷誕生，新餐廳與新廚師一個個在此發芽。我們清楚看見，NOMA餐廳的重要武器便是讓員工參與，信任他們的想法。現在我們繼續去看樂高，在那兒，致勝之鑰除了員工投入與團隊合作，還包括以使用者為先導的創新做法。

哇！

在樂高，沒有什麼是靠運氣的。任何新玩具積木或電玩遊戲推出之前，至少經過七百個小孩之手。產品研發就是要了解未來三到四年小孩會對什麼感興趣，而消費模式、市場走勢有賴密切的分析，所以在產品研發階段，每週都會邀請小朋友來樂高玩遊戲。「小朋友到此一遊，我們可看出哪些東西會賣，然後我們加一些特點或做些改變，再根據他們的反應進行調整，」首席設計師雷格尼斯說。如此這般，樂高持續以使用者主導創新與共同研發。於挪威接受木工訓練，而後拿到美國玩具設計學位的雷格尼斯明確描述：

「當你不斷看到一堆男孩有同樣『哇……真酷！』的反應，你就曉得這東西會賣。我這樣觀察了十幾年，培養出相當的直覺。當這些孩子興高采烈地跟著故事玩下去，就是好產品的訊號。當然啦，還有其他像消費模式之類的明確資訊，但有辦法感覺『對啦，就這個』最重要。」

產品研發者的這種直覺需經多年培育，是創意過程的核心要素。戈爾德向昔日大師借靈感，史坦貝克與英格斯從周遭及城市元素取材，樂高的設計師群則從孩子們的遊戲體驗中仔細觀察。既有以往經驗，更有當下體會。從這角度，可以說樂高的創意乃是一種集體成果。

打破障礙

樂高獲致成功的另一項要素，是產品研發部門全力排除內部阻礙。換言之，各部門間更緊密合作，確保產品設計師的構想不僅刺激迷人，更能以合理價格生產。

雷格尼斯說：「我們可以舉亞特蘭蒂斯跟旋風忍者系列的研發為例。能夠成功，全靠行銷、設計、樣品製作與傳播部門間的密切配合，那段期間大夥兒合作無間，充分將不同技能融合在一起。」

「以前沒這樣嗎？」我們問道。

「沒錯，」畢雍解釋：「以前大家花一堆時間埋首在各自領域，現在則會參加由跨部門組成的團隊，這樣的成效好多了。我想這是我們的特點，很多公司沒辦法做到。以前我們會在沒確認可行性之前，拚命搞一些非常複雜的設計。現在有此成績，不得不歸功於大家充分溝通。」

畢雍又提到，以前團隊靠具體形式切割，像是座位安排，現在的緊密度則不是表面上的。訪談中，三位設計師不斷提及二〇〇四年，他們稱之為「警鐘」的事件。當時公司正經歷危機，而內部氣氛是：「若要生存，我們勢必得採取非常措施。一九九八年那場危機還不算太嚴重，所以我們沒那麼認真，這回面對重大衝擊，非得全力執行正確策略不可。」

樂高面臨險峻情勢，被迫重新思考並採行不同手段。這種不得不的變革，許多人都不陌生。「但我們因而有了更好的組合管理。」這些設計師說。他們將許多經典模型與主題加以改良，推出受孩子肯定的新類型，並且成功地將顧客年齡層由小孩拓展到大人。

常保創新之道

訪談中，譚葛爾問起創意突破：他們如何維持創意？

畢雍說他們偶爾會舉辦座談會與創意研習營，但頻率愈來愈少。「也許仍會進行，但我們其實很擔心成效究竟如何。」他舉例，有一回在埃貝爾托夫特（Ebeltoft）舉辦一場研習營，讓公司一百二十位設計師跟歐洲電影學院（European Film College）共同製作一部道格瑪運動影片。三天下來，設計師們唯一學到的，是對彼此進一步的了解。

雷格尼斯也說，最難的是做出產品。若不能化為更好的產品，再棒的概念也不算數。「但有件事我們做得不錯，」他說：「有些人負責上網蒐集情報分享給大家，像是玩具界的動向、最火紅最新的產品及東京在流行哪些東西等等。」

而最重要的是：儘管樂高有其層級架構，新進設計師仍有可能參與新產品。「你有機會在產品上留下痕跡，」雷格尼斯說：「也許是顏色的搭配，也許產品故事，或者生產流程。」三位設計師說，樂高整個環境與目前的領導階層——克伊爾德・科克・克里斯蒂安森與執行長勇・維・納斯托普（Jørgen Vig Knudstorp）——都傾向讓員工參與的管理風格，而這股支持成果非凡。「你提出想法就會有回應，他們隨時會找你談。納斯托普還有自己的部落格。這樣的傾聽互動，讓你產生很高的歸屬感與責任感，因為你知道你深受重視。」

引入創意思考的技巧

樂高為了讓員工高度參與，竭力去除內部藩籬。接下來，克里斯蒂安將從自家公司舉例，說明如何在創意過程中消弭部門界限，並深入介紹一些能激發創意的技巧。他說：

「在我旗下的每家公司，我們都努力打造一種系統化蒐集點子的文化。我們會借助各種蒐集技巧，其中有些特別適用於某種類型的公司，而這些流程可用在個人，也可用於團體。」

團體發想

「若要從團體得出什麼想法或解決方法，組成一個成分恰當的團體很重要。有時要盡量多元，最好包括各部門成員。拿撼魔來說，若要發展新的行銷活動，或構思設計取向，合作成員可能包括設計、產品研發、業務行銷。若換到沙諾沃科技集團（Sanovo，專營蛋品加工機械製造與生產），討論題目也許是一項新的服務概念或某種機器研發，成員則有工程師、業務跟行銷。

「如果能進一步將這團體差別化會更好，例如在性別、年齡、個性上取得平衡。員工經驗也可以考慮，新進員工或剛走出校門者常會有不同觀點，比較沒有歷史包袱。有人認為最好別把主管跟直屬員工擺在一起，怕員工不敢講話或刻意表現，我自己倒沒碰過這種情形。如果你有，應該仔細檢討你的主管或公司文化是不是出了問題。」克里斯蒂安說。

準備與原則

「有時讓成員預作準備會比較有效，換句話，可以讓他們『在家』先思考主題。你也可以訂定規則，像是要求與會者必須貢獻五個主意。

「缺點是：大家可能一開始就受限於某些想法，好處是：與會者也許潛意識已經跳出問題。一開始就清楚揭示目標非常重要。簡單說，你希望從這過程得到什麼？與會成員最後應帶著什麼離去？」

目標簡單明瞭

「一定要有簡單明確的目標，最好以問題表示，例如：『如何打造出獨特的服務概念？』最好把這目標寫在黑板、白板或白紙上，讓大家清楚看見。

「開始之前，」克里斯蒂安說：「不妨制定目標額度，例如要在結束前得出一百個點子。這有助累積必要數量，遏止批判本能，還能提高團體動能，激發大家合力解決的共識，有效控制時間。」

克里斯蒂安又說：「接著開始提出想法。此時最重要的是，千萬別加以批判。無論聽來多麼不合理，保持開放，不要審判。想法一出馬上封殺，對這類型的討論殺傷力最大。不妨將所有想法寫在白紙上，滿了就貼在牆上。

「主持人要能激勵大家提出不尋常的點子，愈誇大愈好。也不妨鼓勵眾人就他人提出的意見繼續發想。主持人此時最好面帶微笑，或說：『我們就快到達目標了！』重點是打造一種氛圍，讓與會者從『我的思維』發展為『我們的思維』。

「有時我會先讓大家針對一個不相干題目進行小型腦力激盪，這個暖身活動效果不錯，能讓與會者放下自己跟自我檢驗。有一次，我讓大家就真實影片發想色情片名，當然，這招不盡然適合每個人的品味，得根據當地文化與企業風格斟酌運用。」

想法歸類

「一旦累積到目標量，通常就開始進行歸類，但此時最重要的是先做整合。」

克里斯蒂安繼續解釋：「然後你才能進行評估，權衡分析，挑出最好的。結束前，可以讓大家知道後續動作，像是：如果會後還有其他想法，可直接寄給下個階段的負責人。我們常在傍晚慢跑或洗碗時浮出最棒的點子。潛意識不停運作，從不打烊。

「你也可以嘗試其他方式，像是書寫。有些人很怕在公開場合講錯話，尤其當討論成員包含各個層級。這時，不妨採用書面腦力激盪的方式（brainwriting）。它的做法很多，基本上就是讓成員將想法寫下，取代發言。還有，主持人開宗明義，最好先重申問題核心，寫在大家都看得見的地方。」

每組人數上限

克里斯蒂安再說：「我自己的經驗是，十人以內的效果最好。如果超過，不妨多分幾組。每組成員各拿到一張A4白紙、一疊便利貼或小卡片之類；每人先在紙上寫出三到五個想法，然後傳給隔壁成員。最好規定時間，例如五分鐘內想出三到五個。接著讓與會者朗讀紙上的所有想法，並要每個人根據之前他人的想法加以延伸。最後可依照之前腦力激盪所建議的方式做結尾。」

同步性（synchronicity）：把照片放在口袋

另一招：把照片放口袋，提醒自己此刻要對付的是什麼樣的問題，這個方法的基礎為「同步性」。這個名詞由榮格與同輩——後來獲得諾貝爾獎的化學家——沃爾夫岡・包立（Wolfgang Pauli）提出。

同步性所描述的現象為，兩種顯然無關的情境相遇進而產生意義。舉例來說，你毫無緣由地想起小學五年級一位同學——緊接著他就來電找你。或是你開始養成某種嗜好，隨即碰到不少有相同興趣的人，又發現報章雜誌經常報導有關話題。或是你懷孕了，開始到處碰見大肚子婦女。或是你買了一輛黑色房車，忽然間發現街上都是黑色汽車。

克里斯蒂安說：「有些人相信同步性有其玄機，我倒覺得沒必要去解釋。大致說來，我認為前面那些例子關聯性都很高，也跟創意過程十分相關，尤其就個人層面來講。當我碰到特定問題、案子或挑戰時，我可能會找出相關畫面，把它設為電腦桌布，或者會擺張照片在皮夾或口袋裡。我也可能開始研究相關議題，拜訪特定產業人士，或訂閱相關企業發行的電子報；比方在我要接手某個新公司或準備跨入新產業、新產品時，就會這麼做。」

創意組織不怕溝通

近年來，撼魔在營業額與獲利方面的巨幅成長，要歸功於創意過程為概念及產品團隊帶來的影響，時尚運動鞋便是一例。同時，那跟撼魔的設計DNA及傳統也息息相關。

撼魔無形架構裡的某些元素無疑刺激了創意，包括（還可納入更多例子）：

1. 扁平組織：決策者距離員工很近，能即時掌握第一線狀況。
2. 不拘形式的文化：任何人都覺得提出想法理所當然。
3. 密切及時的管理：員工可以提出批評，更專心地投入建設性的工作與思考。

身為撼魔全球行銷長的海寧・尼爾森（Henning Nielsen）說：

「每當面臨特定任務必須成功時，就從相關部門找來關鍵角色。接著，各人得自行從公司內部汲取相關知識來更新觀念，不能原地踏步！

「最近為了發展一個室內回收（Indoor Recycled）活動，我們找來每個階層的員工代表、合夥人，還有供應商，以確保達到最好的商業條件。基礎架構由業務與行銷部門合作，他們舉行了目標設定研討會，針對市場狀況加以分析權衡，作為創意簡報的商業基礎。接著從各方蒐集意見，除了行銷業務部，也包括行政部門、負責商品與贊助商的人員等。召開腦力激盪會議前，必須先檢視跟主題有關、各個品牌接觸點的觸角與限制。下一步就是創意研討會，所有相關創意人員都要參與。就這個例子來說，釐清相關接觸點（產品、網路、實體店面、贊助、公關）的執行條件是很重要的。

「成功建立在準確執行所有的相關步驟上。在消費者還沒聽過這品牌以前，你得先付出可觀心力，先內部銷售給員工、通路、通路代理、實體店經理與員工——當然還有消費者！拿這次室內回收活動來說，執行過程中我們不斷重複使用各種平台，以建立主題印象及認同。比方我們藉著二〇一〇年斯坎納堡音樂節（Skanderborg Festival）的贊助機會，正式宣告回收活動的主軸——翌年，在旺季之前，不斷強調活動本身和產品特點，當然還有相關贈票活動。音樂節下來產生了幾卡車的塑膠啤酒杯，恰好符合我們的回收主題。我們跟黑眼豆豆（The Black Eyed Peas）樂團合作，歐洲二十四場巡迴演場下來，共蒐集到十三萬三千四百個塑膠瓶——相當於一萬兩千個回收梯次的量。

「另一方面，我們透過迎賓活動，在連鎖通路客戶之間打出名號與建立合作關係，像是二〇一一年一月在瑞典馬爾默市（Malmö）舉辦的世界手球冠軍賽的贊助活動、特定運動用品店的店內特展。」

海寧分享的例子說明了撼魔善用凝聚過程。初次的設計會議，各方必然高度參與：業務、產品研發、設計、行銷。每個人都有可貢獻之處。業務每天在外面跑，有顧客第一手回饋資料，最了解競爭者情形，清楚各產品的銷售動能。這也意味他們自知該扮演的角色，一開始就參與其中。設計部門也很重要，他們比較了解長期趨勢，有能力區別出巴黎「最新流行顏色」。

產品研發也不可輕忽，儘管不見得總在第一時間被點名參與。它負責評估撼魔能否製造某種型號，如果可以，該由哪個廠負責。因為這樣，該部門不適合參加最初的發想討論，以免扼殺其他部門天馬行空的想法。

行銷部門最知道要挑哪種行銷平台、社交媒體、店內行銷、平面廣告、貿易展、影片、活動、公關等。將特選商品加以包裝，吸引購物人潮是他們的責任，此外也包括提高品牌知名度（尤其在新興市場）、建立長期品牌力。行銷負責這一切。而隨著全球化的腳步加快，他們的角色也愈形重要。

製造服飾從沒像今天如此簡單，鞋子相對有些難度，如果想生產特別款式，開模階段的成本頗高。換言之，誰都可以自創服飾品牌——無論是強調流行顏色、質料舒適、寒冬保暖加熱。你可以上傳自己的設計，包括生產在內的其他後續都交給別人，你只要交代清楚成品運送地點即可。

正因如此，撼魔更需要把故事說好，努力做出區隔。這是行銷部門的主要責任。光是保證品質、準時出貨已不具競爭力。

定義在基本架構下的創意與任務很重要，掃除內部（如跨部門、上下層級間）及外部（與消費者及競爭者區隔開來）壁壘也不可忽視。讓員工在基本架構之內有即興揮灑的空間。而欠缺目標的自由即興，就有浪費時間的風險。這樣的創意，或可稱為目標創意。

撼魔顯示，當員工有某種程度的自主權與自我管理空間，對提升整個組織的創意頗有幫助，因此，上下之間的互信是起碼條件。在奧爾胡思碼頭附近的撼魔新總部有許多用心的設計，充斥創意的角落、供各部門使用的隔間，大家可以隨時隨地溝通討論，促進跨部門合作。牆上掛著各式主題跟季節限定的靈感元素板、設計圖與拼貼畫，換言之，創意以視覺形式具體呈現於四周。

克里斯蒂安主導的企業哲學「因緣企業」（Company Karma），極重視各團體之間的交流。放到創意層面，代表要跟顧客及「大環境」密切互動，可善用臉書、YouTube、推特等社交媒體工具，直接徵詢顧客對新設計、行銷活動等的建議。

企業可在海寧所描述的基本架構內，讓員工盡情發揮。像撼魔這樣的公司，更要提供讓創意蓬勃發展的空間。在賽諾沃科技集團，克里斯蒂安旗下另一間企業，創意基本上是由顧客需求所主導。其研發經理霍斯特（Jan Holst）透過打蛋機的例子闡述此點。

賽諾沃連打蛋也要新設計

霍斯特說：

「長久以來，顧客一直希望我們能為打蛋機提供完整的自動清洗功能。透過腦力激盪，我們想出一種非常特別的包裝設計。先說這款Optibreaker，它的設計很像洗碗機，只有垂直跟圓形表面。

「為了改善品質，我們深入研究如何讓蛋黃跟蛋清分離得更徹底，發現能透照蛋清是關鍵，便想到用安全塑料來製作分離杯。所以，可以這麼說：顧客的需求促使我們發想，發想促使研究，研究帶來更好的概念。另一方面，能產生這些想法當然也多虧現有的新材質（如：新塑膠）、更好用的電子控制系統（如：網絡系統）、新的生產方法（如：雷射切割），也要感謝競爭對手與供應商。」

靈感哪裡來？

員工能受到啟發很重要。撼魔的兩位設計師霍瑞克（Henrik Horak）、班妮黛．尼爾森（Benedicte Damsted Nielsen）及藝術總監費奧瑞拉．葛洛芙（Fiorella Lee Groves）跟我們分享這點。霍瑞克說：「我自己的設計靈感來自各界朋友和同事的啟發，網路雜誌、旅行也都能開人眼界。我們盡可能的旅行，四處截取景象，購買有意思的樣品，拍照、做筆記。設計師可以說隨時隨地都在工作，不管是跟阿姨逛丹麥羅基斯勒城或巴黎瑪黑區，或跟朋友到伯恩霍姆島參加單車之旅，不斷獵取景象、色彩跟靈感。每次男裝系列定調前，我們都會先設計三份初稿。

「其中，尼爾森跟我的討論相當重要。通常那是在一堆雜誌、剪紙、泡棉、大頭針之間，或是在柏林城中猛灌咖啡時。不斷以各種變化來重複各種形式，不斷修正那些輪廓與線條，直到感覺對了為止。」

尼爾森則說：「靈感怎麼來的？就我自己而言，我從上網開始。較空閒時，我就上去逛各個社群和未來趨勢網站，包括藝術、音樂、休閒活動、當今熱門、部落格，當然還有時尚。我沒設定方向，端看什麼抓住我的注意。如果我覺得資訊過多了，就把其中最有意思的印出來釘在工作枱四周。

「我也會找時間挑音樂，那是我設計過程中很重要的元素。回家路上或去慢跑時就戴上耳機聽音樂，一天下來的種種印象、音樂、穿過樹葉的光線、我的呼吸，交響樂似地交織在一起。這樣能讓情緒活動起來，我就可以展開設計。

「我跟同事霍瑞克工作密切，常一起到柏林、倫敦等地觀摩店面，看展覽跟街頭藝術，研究當地人的自我風格與打扮。我們也鑽研摑魔內部檔案，從中發現可賦予新意的老設計。

「再來，就是把所有靈感、想法整理成適合摑魔顧客的設計過程。霍瑞克跟我先畫出草稿，碰頭討論，做修改……；重畫另一份草圖，碰頭，修改，但這次包括產品經理蒂娜、生產研發祥恩……；再畫第三次草圖，碰頭，跟業務部進行修改，此時就差不多定稿了。過程經常就是三次草圖。其實那是連續過程，你會覺得永遠有地方可以再修改，但一定得適時喊停。」

葛洛芙說：「創意往往來得出乎意料，可能正在跟好友聊天，或在打毛線，吃東西，讀一本好書。換句話說，是在我最放鬆的時候。那時我就好像掉進愛河，什麼都看不見，陷於隧道視野效應，直到能把想法落實到紙上——而最先畫出來的簡直是鬼畫符。

「怎麼製造更多這種時刻？在創意產業我們常說：『殺了你的心頭肉』，但首先你得先有這塊心頭肉，一切才能開始。我必須先忘掉所有普通想法，帶一顆空白的心開始探索主題。我迅速瀏覽一堆設計雜誌（這部分我投資很大），上網，看電影跟展覽；跟同事討論，散步，泡澡，或隨便什麼。很多時候，那塊『心頭肉』就是最好的，但你得先把它殺掉才會曉得。」

方法很多，我們想強調一種結合腦力激盪跟書面腦力激盪的方法，並借助心智圖（mindmaps）等技巧。佛祖所言甚是：「眾生各於自身自性自度」，確實，求道途徑很多。

先把題目寫在一張A3紙的中央，周圍留許多空白。你甚至可用畫的。作畫過程頗能激發創作力。根據題目開始聯想，寫下關鍵字詞或中心主題，以線條或枝狀連到題目。繼而再以那些關鍵字詞為基礎，依樣畫葫蘆地任想像馳騁於海闊天空。

不妨運用圖案或素描來加強。你可以用不同顏色塗或寫，或以顏色強調重點，再用形狀（圓圈或方塊）區別次要主題。

記住：開始的發想要漫無邊際，盡可能想出最誇張荒謬的主意。邁查克在他那本《亂想的方法》為這類水平思考舉出最好範例。他以下面這個問題出發：如何將13這個數字對分？一般憑藉線性思考跟經驗值的答案是6.5。而有創意的答覆，則根據你看問題的角度而有不同：

13 = 1跟3

XIII = 11跟2

或者有人會說：「應該是thirteen從中間對切後各在兩邊的四個字母。因為13的英文是thirteen = thir與teen。」

心智圖另一種方法是魚骨圖分析法（fishbone method）。想釐清組織或價值鏈中的因果關係時，此法特別有效。這是一九六〇年代，東京大學數量管理教授石川馨（Ishikawa）所發明，用以判斷造成某問題或結果之主因，據以將過程最佳化並修正一切錯誤。

此法因圖形神似魚骨得名。先將問題置於魚頭部分，再將主要及次要原因放在魚肋骨上，並分別在其下寫出發生原因。透過小組腦力激盪或個人思考，把解決方法寫在魚尾部分。石川馨建議讓這分析圖靜置腦中發酵一夜，他相信，潛意識自會找出解決之道。

換言之，有很多辦法可以讓員工一起投入，產出可觀的點子。團隊合作對於創造力的重要性，研究學者提出幾個重點，我們且藉著前面幾個例子加以檢視。

當團隊通力合作

團隊有助於創意，但必須在滿足前提的情況之下。一九八四年，麥可．柯頓（Michael

Kirton）便以其針對工程師所作之研究，指出協作良好的團隊，往往能在創新與調適當中取得平衡。更明確地說：協作良好的團隊，需要具備突破性思考能力的成員，也需要務實評估可行性的成員。個人的角色扮演視情況而定——有時你是發想者，有時你又變成負責把點子化為現實的評估者。決定角色分派的標準，包括任務類別、情況屬性，或組織外部環境面臨的其他需求。

根據柯頓的看法，成功團隊擁有創新及調適的美妙平衡，而效率較差的團隊，不是有太多尋找熟悉元素的評估者，便是有太多不斷追尋新點子的人。而你絕不只是在某特定情況下的角色而已。柯頓便特別強調——正如本書受訪者的鄭重聲明——隨著情況、團隊、公司改變行為模式時，團隊組合與合作方法務必要有所調整。

柯頓稱之為「閉鎖迷思」（locked thinking）的狀態，是最扼殺創意的，也可稱為「團體迷思」（groupthink）。根據某些創意研究，團體迷思將阻礙擴散性思考，也就是抑制那些妨礙水平思考的、不一樣的、衝撞的、有挑戰性的思考。運動競技團隊很容易產生這種思維，因為成員們在此建立起強烈的共識、精神、希望與向心力。不利的是，大家可能排除了其他會危及團隊凝聚的知識及資訊。

團隊迷思最致命的，便是大家在試圖解決問題時，為了維持和諧或自我表現，摒棄了許多重要訊息，導致大家徒勞無功或看不清癥結所在。

另一方面，我們確實知道：以團隊為主的公司，要比傳統上強調個人專業、以功能為主的公司，具有更豐沛的創造力。當然，團隊不會自發地推動創意（團隊迷思本身就是一大阻礙），但因為創意往往奠基於來自各方面的貢獻與成果，所以，團隊仍是有助激發創意的要因。

比爾頓寫道，團隊領袖應努力粉碎共識，加強多元，以防大家只知閉門造車，再也無法從大局評估自己與其他團隊的貢獻。

遺憾的是，如今許多企業卻根據團隊迷思與理想的團隊組合理論，將員工歸類、專職特定角色，導致老調重彈，無法推陳出新。這絕非柯頓初衷，他本意是要證明一個人可在不同任務擔當不同角色的。

信賴與安全感

比爾頓在其書中主張，造成團體迷思扼殺創意的原因，可能是成員間欠缺安全感與對彼此的信賴。創意可能掀起擾亂，意謂成員們要相信彼此，才有辦法並肩度過巨浪。當某人堅持某種與眾不同的觀點時，可能被大夥視為吹毛求疵或不合群。大家必須克制這種傾向，學著包容不同。

創意團隊必有分工差異，此時務必謹慎處理，以免造成無政府狀態或太過劇烈的衝突——即便衝突在所難免。

因此，創意團隊或組織必須擁有寬容的氛圍與開明的管理風格，允許擴散性思考與開放的討論。避免小組畫地自限，要能讓所有觀點接受批評和檢驗。領導人不宜控制太多，否則將無法聽到另類的聲音。

從這點而言，與其控制內部知識，不如盡量鼓勵跨界交換。很多人——如比爾頓——認為，在創意經濟中，跨企業的新創意聯盟十分重要。將一切知識納入自己公司幾乎不可能，所以你要設法跟握有你需要的知識與技能者合作。這表示，那些悠遊於企業之外的人擁有一項立基：若有辦法跨界整合不同技能，可為創意注入龐大火藥。話說回來，你也不能完全僅仰賴這些跨界者，核心員工才是將創意落實的重要支柱。

本章著重於員工與團隊合作的重要性。下列幾點，值得再次強調：

1. 所有例子皆可證明，員工參與對創意流程影響深遠，可促使內部意見交流，讓員工產生使命感，也讓管理階層得以具體掌握第一手重要情報。
2. 員工參與過程中需要管理：腦力激盪及書面腦力激盪要有清楚流程，懂得引領的主持人很重要。

3. 沒有百分之百一體適用的方法。需衡量個別員工、團隊、組織特性與工作屬性。

4. 員工參與要考慮團隊屬性。要預備情況與訂定規則，目標要簡單明瞭，一開始要有足夠空間，繼而將最好的點子適當分類，以進入後續階段。

5. 要了解可能妨礙創意過程的因素，包括焦慮、擔心說錯丟臉、扼殺重要資訊的團隊迷思。如同其他章節曾強調過的，組織裡要有足夠的空間，讓個人與團隊可從各種來源獲得靈感，擷取資訊。

6. 要打破各個面向的藩籬：存在於內部小組之間的、員工與管理階層之間的、公司與客戶之間的、公司與其他產業公司之間的，及公司與同一產業其他公司之間的。

十六 刺青客：當好設計都從雲端來

本章我們要探索虛擬世界所開啟的創意機會，詹姆士是全球知名的刺青藝術家，克里斯蒂安正在籌備的刺青網計畫，詹姆士也參了一腳。很多創意學者認為創意產業的未來在數位世界，因為合作與共同創作的理想可在此充分實現。他們認為，未來的永續企業會是小而靈敏、滲透性強、全球化（或者全球在地化——無所不在，卻也不在任何定點），彈性十足。他們認為，使用者、顧客、公民都將以前所未有的方式融入企業。所以，他們認為，公司的創意空間將透過群眾外包（crowdsourcing）流程不斷擴張，眾人不斷探索網路在資訊交換與知識傳遞上的潛能。首先，讓我們分享詹姆士的故事，從許多方面來看，那可說是一則創意人生。接著我們再多了解一下被公認最具創意潛能的群眾外包。

邁阿密刺青客在丹麥

某個星期五的下午，我們在哥本哈根市中心的斯哥特皮特酒店跟詹姆士碰面。詹姆士從邁阿密遠道而來，參與一個刺青網站企畫案的最後階段，他是這個網站的合夥人與創辦人之一，其他創辦人包括克里斯蒂安、足球運動員丹尼爾．艾加（Daniel Agger），及許多投資者。詹姆士因電視節目邁阿密刺青客（Miami Ink）一砲而紅，將刺青文化從地下推上主流，現在他主持的刺青工作室遍布全球，他的成就也影響到網路刺青產業的發展。

看著詹姆士坐在餐廳一角，帽簷拉得很低，很難想像我們即將聽到一個高潮迭起的故事：吃了無數閉門羹、學校考試永遠不及格及患有注意力缺失症（Attention Deficit Disorder, ADD），意味他不斷受各種意念干擾，卻也意味他在這些干擾中持續產生創新思維。還有，他如何發現了自己的藝術天賦，將人生交付給它。

就像詹姆士在訪談中說的：「我一輩子都在畫，也許沒到米開朗基羅那種程度，但那是我的興趣跟熱情所在。從小我的課業就不及格，唯一能過關的只有算術，我不會讀，聽不懂老師講的東西，不會拼音，沒辦法應付功課，被當作懶惰。所以我靠向藝術，那是我完全可以掌握的世界。我爸爸跟我爺爺都是藝術家，他們的血液在我身上流者，我也想成為那樣的人。」一重重大山般的阻礙，為詹姆士開啟了創意之路。

一九八〇年代，十七歲的詹姆士麻煩不斷。龐克運動如火如荼，刺青文化波濤洶湧，而詹姆士的人生亂成一團。他當機立斷：「我志願從軍，到我出生地以色列去，這趟經歷拯救了我。我在軍中是狙擊手。就在那兒，我知道自己要走藝術這條路。我可以選擇殺人或是畫人。我必須拯救自己。我愛國家，但我完全不懂政治，我不了解以色列跟巴勒斯坦之間的衝突，我只懂得美國。」

如本書多起訪談指出的，創意人需要規則、架構、限制，以及相當嚴謹的工作習慣。這一切有助於整治一個可能狂放無比的人生。就這角度而言，軍旅生涯即代表了一種高度講求紀律的社會組織——那正是詹姆士迫切需要的。

與稍早介紹的戈爾德一樣，詹姆士也是個「自我打造者」，走過學徒經歷，也同樣努力尋找最適合的藝術形式。當他首度刺青，便決定進入這一行。「我決定這就是我要的，我想畫一輩子，只不過是用不一樣的筆。我開始在自己腿上刺青。一拿起紋身針，我就明白自己想要成為刺青藝術家。不過我還得在軍中待兩年，雖然窺見了未來，卻不能馬上回來。退伍之後回到邁阿密，過生日時，我哥哥的好友送我一個紋身工作室招牌跟一盒刺青器材，那簡直就像得到一百萬元，沒有比這更棒的禮物了。那盒東西改寫了我的人生，成為我的表達方式、生存方式。我的一輩子就在那盒子裡。

「拿到這一盒器材後我馬上開始刺青，當然，誰都不是天生的畢卡索，但這盒子為我的人生帶來希望，它跟了我二十年。我哥的朋友改寫了我這一生。八個月之後，我得到一個學徒機會，那師傅成了我爸一般的角色，他把紋身技巧傳授給我，對我非常嚴厲，我們一天到晚爭執。持續兩年後，他死於吸毒過量。我決心要讓他以我為傲，我想不斷進步。說來誇張，我每天晚上出去尋找第二天的紋身對象。這是一門街頭藝術，最精緻的街頭藝術。它不屬於上流社會，主要是勞工階層。我有的只是一身刺青技術，我要把這身工夫用在人們身上，讓這門藝術發揚光大。我並沒有想到藉此成名，純粹就當一名開心的藝術家，直到十四年後上了電視。這之間，除了有機會碰到很多很棒的人，刺青完全沒帶來任何賺頭。

「做節目這個機會帶來了轉機。我想過，在現實社會裡我可能只能做兩件事情——畫畫跟說故事。知道怎麼說話，打開我成名之路。當然，我有自己的風格。比起很多人，我敘述的能力絕對不是頂尖，但我知道怎麼說故事，怎麼呈現一個好節目。我不斷蒐集故事，研究怎麼跟人互動，讓對方理解你，這些我很厲害，我曉得那在電視上會很吃香。我想成為最好的自己——不是成為最棒或最有名的人，只是當我自己。買我節目的人後來以四千萬美金賣掉這頻道，我也終於開了自己的工作室。」

對詹姆士而言，紋身藝術家不只是一個工作，而是求生之道。雖然這陣子變得比較像是份工作，他仍深受紋身的藝術性驅使。

詹姆士認為，「藝術性」絕非僅限於漂亮的畫作，透過這類手藝的自我表達也是。「有些作品非常棒，但不是藝術，因為只是某樣東西的複製而已。實際上，若有足夠的原創性，技藝部分反而沒那麼重要。有這麼多形式，這麼多人，有些人就是可以自創一格，有些人只能複製。別人的作品能啟發我，但有時也讓我畏懼，別去比較，也許你永遠做不到那麼好，所以得找到自己的風格。大師絕不會跟別人一樣。當然，你要先有參考對象，但接著要超越，然後找到自己的特色。那意味你得研究：過去二十年別人是怎麼做的？你得學會基礎，知道竅門，然後就可以隨心所欲畫你的東西。你可以自由表達了，但不見得快樂或沒有羈絆，你還是得認真工作，起個頭，好運的話，靈感就來了。前提是你要能想像未來的自己，要能看到未來自己的模樣。而當你做自己真正喜歡的事情，總會做出正確的東西，儘管不免犯錯。我們不是機器，最厲害的人也會犯錯，人就是這樣，總有你可以改進的地方。」

詹姆士找到了自己的創造力。它藏在一扇扇緊閉的門後，經過不斷鍛鍊技藝，被建立自我風格的強烈渴望給召喚了出來。結束訪談以前，我們問他是否會藉著毒品來激發創意。我們在其他訪談中也談過這題目，答案多半為否定。而詹姆士不一樣，或許跟注意力缺失症有關。

「我抽大麻，那可以讓我平靜，讓我的潛意識發揮作用，這對設計很有幫助，有時我會抽一整天。那打開了一扇窗，但仍有許多我還沒做到。那時周遭變得極度安靜，我可以專心到完全不想休息，無法停止畫，也不能睡。我在刺青的時候，彷彿變了一個人，變成四歲小孩，反應緩慢，同樣問題你得問我一千次，我在另一個時空，得花些時間才回得來。」

我們能從詹姆士的故事學到什麼？

本書訪談不斷浮現一個核心：數量帶來品質。在詹姆士的故事裡也再度出現。刺青成為他在邁阿密的存活之道——到何種程度？實際上，他幾乎不用錢，紋身工夫就是他的「貨幣」。換言之，他在餐廳酒吧或其他地方以幫人紋身來換取飲食，也就是說，他每天花好幾個鐘頭刺青（就像邁爾坎·葛拉威爾〔Malcolm Gladwell〕所講的一萬個小時）。儘管他並未刻意為之，卻因此練就一身好工夫。

詹姆士跟我們強調他有注意力缺失症。有些學者認為，有這類疾病的人相當有創造力，而那可能跟他們注意力不斷轉換有關。當我們不再專注於問題之上，腦子就有空間納入新的想法，進而激發出新的解答。

最後一個結論：與之前的訪談對象相較，詹姆士對毒品的態度十分明確，例如他說他不喝任何含咖啡因的飲料，因為他發現那會使症狀惡化，讓他焦躁不已。基於相同原因，他也不碰古柯鹼或安非他命，但他抽大麻，可能是因為大麻降低他的活力，使他思考變慢。而這是本書多位訪談對象強調，對創作有利的狀態。

我們帶著這個清晰印象離開——詹姆士相信，創意的必要前提包括：時間、專注、抗壓能力、專業知識、好工夫、找到好師傅、建立個人風格的渴望，還有樂於創作——這讓你忘卻其他一切。

現在讓我們回到本章開頭。詹姆士參與的是什麼樣的企畫案？克里斯蒂安怎麼會想把時間、金錢投資到紋身業？

從生意角度看紋身

要了解紋身如何在二〇一三年成為一門新生意，得先簡單介紹其歷史。為何這麼多人帶著異樣眼光看它？不意外，答案在人類遠渡重洋中帶回來了什麼。

一七六六年到一七九九年間，庫克船長幾度下南太平洋，其中包括玻里尼西亞。回國後，他跟他的屬下談起他們碰見的「紋身野人」。紋身（tattoo）這個字，起源於大溪地語[1]的「tatau」。一七六九年，庫克在奮進號三桅帆船（HM Bard Endeavour）的船上日誌寫著：「男女身上都畫著圖案，當地語言稱之為tattow。他們以某種洗不去的手法，將黑色塗進皮膚底層。」所以，今天的tattoo來自大溪地語tatau，也就是庫克版的tattow。

話說回來，庫克回到英國後，紋身風潮席捲上流社會，連國王喬治五世都在前臂刺上耶路撒冷十字跟一條龍。之後，紋身漸漸跟——最好情況下——水手連在一起，或跟——最壞情況下——亡命之徒或青樓女子，從此被污名化。到了今天，它才又獲得翻身，部分要歸功於詹姆士。儘管這樣，專業投資人如創業投資公司、投資銀行或私人投資家，對這塊商機還是避而遠之。所以直到二〇一三年，網路上依然不見幾家刺青相關產品或網站。當然，這也意味實際狀況與市場潛力之間有極大落差。根據統計，二十六歲到四十歲的美國人當中，身上有刺青者約占四成。以網路商業模式來說，搜尋「刺青」或相關字如「錦鯉＋玻里尼西亞＋刺青」的頻率高達每個月一千四百萬筆。換言之，市場潛力驚人。

所以，Tattoodo.com便是這樣一個置身紅火新世界的網路商業模式，創辦人——包括克里斯蒂安與詹姆士——本身都是刺青熱愛者。它有如刺青界的谷歌（Google），想了解任何刺青相關問題，到這兒就對了。克里斯蒂安是在他以首位丹麥演說者身分，前往倫敦參加谷歌年度搜尋排行榜（Google Zeitgeist）[2]大會時，充分領略到網路的創意潛力。會中，谷歌創始人之一賴瑞·佩吉（Larry Page）談及：專用搜尋引擎（specialized search engines）將可能成為谷歌最大威脅之一。

目前，Tattoodo的主要收入來源有五，第一個就是群眾外包模式：你可以量身定做你要的刺青，先以文字或手繪或照片把你要的條件上傳，成為競標基礎，全球各地的刺青藝術家、設計師、插圖畫家都可以拿出作品競爭。這些人都經過個別認證，以確保品質。換句話說，如果你上傳一張女友照片，一段你最愛的詩句，再加一張你最喜歡的花的相片，世界各角落上百個人就會——只要美金一百元——根據這幾個元素，為你提供獨特設計。

可以說，當個人與公司之間的壁壘完全消弭——在兩者邊界找到平衡點，就看到了群眾外包。群眾外包網站不斷壯大，其中99 Designs是當今全球成長最快的設計網站。最近三次，克里斯蒂安為旗下企業徵求公司識別與商標設計，便是透過99 Designs。透過這個網站，你先訂定標準，展開競標，等著全球各地的設計者提供設計過來，商標、繪圖等等，要什麼有什麼。這類網站也適用於科學與科技領域的產品創新，讓你能借群眾外包之力，迅速完成專案，

Innocentive.com就是當中一例。當然，其意圖並非取代訓練有素的設計師，而是為他們提供一個充滿創意刺激的平台。假如你們公司是食品原料業，某項研發案子遇到了瓶頸，員工即可透過Innocentive.com尋找新的成分組合。撼魔的設計師們也可經由99 Designs蒐集新的線條，重新調整設計，得以沿著知識的邊界為作品注入更多價值。

與此性質接近的另一項有趣發展是雲端募款（crowdfunding，或稱大眾集資），讓創新者覓得金援，或讓投資人找到投資標的。代表性範例包括：Rockethub.com、Kickstarter.com、Fundedbyme.com。回到科學創新領域，除了Innocentive.com，你也可善用Geniuscrowds.com（編按：此網站已於二〇一三年五月關閉）來幫助你揮灑出第一筆——套用戈爾德的話。

Tattoodo.com現成的收入來源，就是品質一流的刺青圖庫，作者包括當今或已逝大師。消費者付費之後，便可瀏覽這個操作步驟簡易的圖庫，也可拿到認證與貼紙，測試圖案在特定身體部位的效果。除了這些收費部分，它也提供許多免費內容、建議、部落格、紋身經驗分享、刺青設計等等。網站的呈現十分精緻，這是目前市場所欠缺的：目的即在於吸引非刺青人口，將紋身推廣成一種主流文化。

換言之，虛擬世界充滿創意潛力。長此以往，那又將如何扭轉我們對創意人資格的看法呢？是公司內部的設計師跟產品研發人嗎？還是顧客呢？許多企業——就像樂高——必須透過跟外部群眾與顧客合作，否則，那些最核心的消費者將可能反過來變成跟你競爭，因為得不到滿足而自行研發出想要的產品。這在數位世界會發展得很快，因為你不再需要堂皇的公司門面跟複雜的行政組織。透過網路，你馬上可以聯絡到顧客與供應商。就以此為例，試想這些內部研發人員與設計師該扮演什麼角色。也許他們主要是作為楷模——就像詹姆士一樣；或者，因為深知專業價值及品質要求，他們可擔任「裁判」般的新角色，判斷那些蜂擁而至的新點子裡面哪些真正具有潛力。這意味研發者與設計師的角色將產生劇變，但就此層面來說，網路確實有其民主化的力量。在遼闊的虛擬經濟中，創意充滿無限可能，還未懂得正視外界創新對自身組織的衝擊者，將陷入大麻煩。

下一章，我們要把焦點稍微從商業拉開。之前的例子在在說明了要在知識產業成功，創意何等重要，尤其當虛擬世界興起後更是如此。現在，我們則要談談學校與教育體系的角色。我們走訪了位於丹麥偏鄉的知名寄宿學校賀魯夫修姆，這所學校發現創意思考對學生的重要性，進而投入大量時間與心力，以改寫所謂好學校的定義。

註1：大溪地為玻里尼西亞最大島。

註2：每一年，谷歌根據世界各地使用谷歌搜尋引擎的查詢資料，彙整出該年度最具所謂時代精神的關鍵字搜尋排行榜。

十七

賀魯夫修姆寄宿學校：我們想要每個孩子，在未來都能夠表現創造力

本章我們將探訪位於丹麥偏鄉的寄宿名校——賀魯夫修姆。與丹麥人談起創意，很少人會聯想到置身於奈斯特韋鎮（Nastved）的這所學校。

賀魯夫修姆成立於一五六五年，創辦者賀魯夫・特羅（Herluf Trolle）與妻子畢兒吉特・葛伊（Birgitte Goye）沒有生育，矢志打造健全的教育體系。而賀魯夫修姆在創意領域占有什麼地位？這不是一所令人聯想到紀律、寄宿跟制服的學校嗎？它跟創新與改革有什麼關係？我們對這學校產生興趣，是因為它最近開始重視發展學生全人教育、社交與創意技能。過去幾年，由於海外僑民不再把孩子送回丹麥接受教育，迫使校方必須發揮創意，打開大門接受走讀生（編按：「Day Student」是指由外地或國外來求學，住在校外寄宿家庭的學生）。

一所像賀魯夫修姆這樣的學校開始重視創意，意味校方已領悟到，只強調傳統能力是無法面對未來挑戰的。那也意味著大家不再以為，創意只屬於那些很晚才進公司、來回飲水機與辦公桌之間時靈光閃現的人。創意也屬於那些理解世界正處於劇變，不能不培養洞悉機會之能力的白領階級。是的，談到創意，我們仍先想到藝術、廣告、表演，然而，找出更棒的方法讓牛奶從鄉下送到市區民眾的冰箱，也叫做創意。咖啡加糖漿能以高價售出而深受歡迎，像知名咖啡連鎖店辦到的，那也是創意。創意鋪天蓋地無所不在——甚至席捲了賀魯夫修姆。

兀自矗立在國境之上的寄宿學校

第一眼，很難不被賀魯夫修姆的巍峨校舍所震懾，紅磚建築綿延於茵茵綠地之上，校區內還有教堂與護城河。當我們停好車，望著身著制服魚貫步入餐廳大樓的學生，不禁錯覺置身昔日——還好那些名牌雨靴，一望便知是最新時尚。

在前來奈斯特韋鎮的途中，我們聊起克里斯蒂安當年就讀此校的舊事。他說，他選擇讀寄宿學校的原因跟多數人不同，並非只是出於家庭傳統，他還深受此間飲食規矩、制服與傳統所吸引。畢業後雖然很少回來，身兼學校咨詢委員的他卻嗅到了某種改變。這個極講究傳統的保守城池與其居民（學生、師長、家長、校友）已產生根本質變。我們就來看看它變身後的樣貌。

我和你所說的「創意」是同一件事嗎？

坐在校長室，面對著來訪的我們，校長克勞斯·尤茲耶彼埃斯·雅科森一開始並不很想談創意。實際上他很困惑我們怎麼會想訪問他，而且還是要談創意。也許他有點擔心學校被冠上「創意」之名，因為這個詞很容易讓人聯想到群體學習、搞怪衣著、解放、玩樂、混亂——那不是他希望家長對學校的聯想。我們試著讓他放心，告訴他我們聽說賀魯夫修姆最近實施的

「方圓國際」（Round Square International，RSI）教學計畫，讓它成為丹麥唯一加入國際教育聯盟的學校。賀魯夫修姆於二〇〇九年成為方圓國際會員，從此致力透過各種途徑讓學生個別發展。我們覺得這真令人耳目一新，顯示學校跳脫畫地自限的格局，也顯示它揚棄只重視學科的決心。

聽了這番話，雅科森寬心不少。他告訴我們，當他在一九九三年接手這間學校時，眼前一片危機：寄宿學生跟家長漸漸消失，學校在地方上的聲譽也一落千丈。

如今情勢逆轉，賀魯夫修姆來自奈斯特韋鎮外的走讀生人數飆高，與國際接軌的新方針，也再度讓海外家長將小孩送來。結合國際教育與認識自己根源的策略似乎很成功。現在，樂善好施列入成績，在傳統創意科目之外，學生也必須自選一項體育課程。所有這些都有助打造一個有智慧、心胸寬廣、全面發展的個體。

為了爭取當地支持，雅科森一反學校前例，投入當地政治。跟我們碰面的那天早上，他才去參加了一場當地政治人物與郡級以上行政長官的會議，討論關閉奈斯特韋醫院的議案。雅科森表示，這項關閉計畫對學校宛如末日危機：要是海外家長聽到離學校最近的醫院遠在天邊，不用說也知道會有什麼反應了。

創意的悖論

如同雷特律師事務所，賀魯夫修姆也代表了一則創意的悖論。我們仍難拋下對創意的浪漫認知，以為那純粹關乎藝術與個人，無法將世間各個領域的改革——例如改變學校制度——視為創意。聊起創意，雅科森開口閉口都是傳統所定義的創意課程（繪畫、體育、戲劇），直到觸及學校近年改革這個話題，他才提起方圓國際。

如名稱所示，方圓國際此一國際學校聯盟的願景為「教育年輕人，使其——在擁有堅實學術基礎之外——經歷個人發展，學習成為負責個體」，這段文字可見於賀魯夫修姆學校手冊第十頁。學生可透過各種途徑培養不同能力：安排運動賽事、協助緊急救災組織、擔任志工、加入學生會、推廣校園民主或綠能、籌畫活動餐飲等。

這個宗旨的基礎叫做「理想」（IDEALS），涵蓋六個重點：I代表國際化，D為民主，E是環境，A表示冒險（拓展個人能力的休閒活動），L為領導力，S代表服務（志工活動）。目標是讓學生經歷更好的人性發展、社會參與，懂得幫助其他——尤其處於劣勢的——年輕人。說起來，這不僅僅只是一個學校聯盟，更是驅策學生改造世界、鍛鍊他們心智的一種哲學。

這個話題顯然讓校長眉飛色舞。「我就像個小孩一樣投入，」他說：「但這事並不容易。當年我滿懷熱情與想法來到這裡，後來我學會了克制，否則老師們都會吃不消。」幸好「方圓國際」開花結果。家長和老師都給予熱烈支持。

雅科森暢談他發展學校的熱望、腹中仍有不少點子，這也意味他經歷了滿腔熱血者經常會碰到的問題。我們都知道，老師們極珍惜自行計畫教學工作的能力，丹麥學校也向來尊重教學自由。一個願景過多的校長，難免要撞到人稱「阻礙」的東西。不過，雅科森說，他周遭有一群優秀的管理團隊，「真能把工作做好的一群人」，協助將這些設想完美地具體實踐。

創意技能是個人的，也是社會的

話說回來，我們為何要挑一間講究傳統的寄宿學校？一間與環境密切連動，高度重視學生個人發展，藉提升繪畫、戲劇、體育等科目的重要性，以鼓勵學生發揮創造力的學校？

原因如同本書開頭所說的：在現今的勞動市場要有競爭力，僅僅具備操作性的技能是不夠的。必須佐以未來性的眼光，十足的想像力，掌握先機與改變現況的能力。丹麥市政應用研究所（Applied Municipal Research，KORA的前身）最近的一篇報告指出，企業主正積極尋覓富有創意的人才。然而，二〇〇五年起丹麥實施中等教育改革，各校卻紛紛調降音樂、媒體、繪畫、戲劇等科目的比重，教學時數銳減，上述科目不再是必修。而根據該篇文章所指，這些科目卻對發展學生的合作精神、自我要求、掌握先機等能力格外重要。

毫無疑問，這些技能對其他項目也相當有幫助。拿戲劇來說，可讓學生懂得與團隊共事（是專案合作不可或缺的能力），表演能力更能促進口語表達。由側重創意的中等學校畢業的學生，進入創意產業投身創意工作的比率較高。

創意可運用在一般項目的機會很多，我們這麼說是有根據的。

學校該扮演什麼角色？

整體而言，近來企業看待創意的熱忱，同樣反映在教育體系及學者們身上。麥克威廉在二〇一一年出版的《企業創造力與創新》（*Creativity and Innovation in Business and Beyond*）中談到，其討論主題跟一般人對創意的認知改變有何關聯。她定義出所謂第一代與第二代認知，認為第二代的創意認知鼓勵了學校加注更多心力在相關科目上。且以下表概括這兩代概念上的差異：

第一代創意認知	第二代創意認知
軟性的，非關經濟的	硬性的，由經濟推動
單打獨鬥的	團隊為主，多人的
無意識的：從內部自發的	可掌握的與外界的
跳脫框架	需要規矩與限制
藝術為基礎	見於各個領域
自然而天生的	可學習而得的
難以衡量，無法訓練	可以評估，訓練有成

第二代認知在過去這二十年逐漸蓬勃，也推動了教育可促進創意此一信念。如今公認創意可經由學習得來，並且——與本書核心論調一致——與其說是跳出窠臼思考，毋寧說是沿著邊界摸索，且頗習於專屬領域中的專業規則與知識。此時認知的創意主要以團隊為主，透過各種途徑呈現。換言之，只要有能力掌握先機，突破既有，則無論是化學、戲劇或其他領域，都可展現創意。

格雷弗埃鈕（Glavenau）二〇一一年問世的文章〈孩童與創造力：最（不）可能的搭檔〉（*Children and Creativity: A Most (un)likely Pair*）也有相同見解，他提到以往認為創意乃是一種天生的、自發的、未經培育的素質，所以──依照定義──會受到注重標準與意義的教育抹殺。而最近幾年，另一種論述興起，認為孩子的創造表現，如繪畫或表演，只是步向真正創意的最初步履──而學校既能鼓勵幼兒與青少年展現創意，又可在他們本能展現此才華時予以調教。

本書受訪者並不是一面倒地認同第二代的看法，有幾位便以為創意屬天生既有，儘管他們也都慶幸自己的才能受到周遭肯定。二代觀念的重點，即在強調個人與環境互動的重要性。

教育中的創意

但是，要如何學習創意？教育體系能扮演什麼角色？一個可能的答案或許就像賀魯夫修姆那般，引領學生經歷一條對創造力有益的學習過程。換言之，關鍵或許是讓學生置身於各種沒有既定答案的處境，自行發掘機會，整合各方面所獲資訊，與他人通力合作，練習肢體口語表達。更簡單的話，可以向學生證明：知識是深刻思考與對話的入口。且讓我們很快地了解一下這是什麼意思。

在心理學領域，通常認定創意概念起於一九四九至一九五〇年，當時心理學家喬伊．保羅．吉爾福特（J.P. Guilford）在美國心理協會（American Psychological Association）年會中發表了一場影響後世甚鉅的演說。他說，一直以來，心理學者及老師們幾乎只關注聚斂性思考（解決問題、邏輯、正確答案），而忽視了擴散性思考（異於尋常的水平思考，懂得尋找新的可能）。

吉爾福特認為創意人皆有之，不同於智力測驗（當代心理學者偏好的工具）所能衡量出的那些素質。他覺得我們要看待創意如同智力與學習，不該繼續將其置放於某種神秘或屬靈的領域。

當時看待創意有如現在看智力，智商高的人也可能頗具創意。漢堡大學心理學教授阿瑟．克羅普利（Arthur Cropley）在他二〇〇八年出版的《教育學習與創造力》（*Creativity in Education and Learning*）中表示，社會始終將創意視為一種運用智力的手法，或說「智力活動」（IQ in action）的展現。

打通一條對創造力有益的學習路徑

或許，教導孩子如何學習創意的最大問題，在於學校往往阻止了孩子親自體驗創造。知識來自操作——字面意義就是親手撥弄——工具與環境。依此概念，教育應該是引導孩子探索周遭，嘗試以不同方式將手邊各種材料重組，而非在隔絕的心智空間裡累積知識。想像力、虛擬能力、思考能力不該與外界隔離，這些神智應放在整個世界，運用世上所有元素加以創造。

二〇一一年，ASE（A-kasse / Union，丹麥失業基金與工會的聯盟，失業者與自雇者皆可加入此項保險基金）對兩千五百名受薪者做了一份調查發現，百分之七十二的受訪者無意自行創業；一九九九年該數字為百分之四十八。當然，當代金融危機多少影響了當創業家的夢想，許多人可能見到周遭親友受到全球經濟衰退的打擊。此一報告指出，丹麥雖然教育程度提升，創業精神卻不如以往。

這個結論似乎代表教育讓我們傾向成為受薪階級。換句話說，吉爾福特一九五〇年在美國心理協會年會所做的演說，跟二〇一一年針對丹麥國民創業精神所作的報告之間，似乎存有延續性。這意味我們有理由質疑，教育機構在引導學生運用知識立足世界這方面究竟扮演了什麼角色。也許我們做得不夠。

延續本書對具體例證與故事的重視，我們要借用藝廊老闆艾爾格為此章結尾：艾爾格鼓勵大家活用藝術，呼籲教育體系重視創意。艾爾格身為V1藝廊創辦人之一，我們問他，就研發新品與新點子而言，丹麥面臨最大的創意阻礙為何——我們又擁有何種立基。

「我們最大的阻礙就是教育體系，無法為孩子提供一個真正能培養創造力的成長過程，又在後面刪減國家教育及研究經費，縮編教育機構。丹麥的未來要仰賴創意、創新與知識，無論哪個領域都一樣——藝術、設計、能源、農業、工程、機械、製造。從政治面來說，我們缺乏一個讓丹麥自由運用『邊界創意』的政策，此刻，我們還正準備拿膠帶把自己所在的這盒子封起來呢。」

艾爾格傾注心力促使大眾以藝術與創意推進社會。他這麼說道（此處，我們建議你可用「教育」取代「藝術」來閱讀他這段話）：

「藝術應該是我們這個社會的領頭羊。它應該讓大家投入——必要時，能啟發大家，而在某些時候，它要保持距離。藝術是重要的自由地帶，它不是沒有保母的幼兒園，不是不附帶責任的自由，而是讓我們能在其中盡情實驗表達，實驗溝通的空間。」

而要如何找到新事物呢？該要有怎樣的運作？

「我相信，首先需要無止盡的好奇心，以及對世界敞開胸懷。我自己尋找靈感時會透過各種管道：文學、音樂、新聞、人。經驗會做出各種標記，需要靈感時，它會自動帶你到那裡。我得到最棒的意見往往來自不同領域的人，他們也許身處別的創意產業，能讓我以不同的角度面對挑戰。身為藝廊老闆，我自然跟許多藝術家有密切往來，那種關係截然不同於其他，既豐富又困難。他們分享工作和個人生活上的種種起落，與這些精采心靈的深刻交往讓我學到很多。儘管藝術策略絕對有一定脈絡，各人的創意流程卻如此天差地遠。」

本章始於我們走訪賀魯夫修姆，一所開始認真看待創意的學校。為了面對全球寄宿學校的競爭，它必須採取饒富創意的改變。本章也談及學校與教育體系在鼓勵創意上的角色，它們對促進創意可扮演相當正面的角色，這是近來方才興起的觀念，而這觀念可追溯至第二代創意認知：人們相信創意是可透過學習而來的。

本章結尾以更多論述說明：我們可如何引導學生運用知識積極作為，協助他們了解自己有辦法改善眾人生活。ASE的報告強調這些理解的重要性。充分證據顯示，現在我們迫切地需要重視創意與創作——艾爾格認為目前我們沒能做到這點。

下一章，我們將綜合所有感想，試著理出創意促進之道——要提高歐洲在全球的地位，關鍵便在創意。

十八

邊緣丹麥，走向全球：創意成長於既有的邊界！

一位穿著牛仔褲、頭戴皺巴巴帽子的父親跟兒子告別，兒子正要遠赴阿富汗戰場。父子相擁許久。當這父親回身走向停車場，淚水滾滾而下：也許這輩子再也無法見到兒子。旁邊一位女子看在眼裡，將手帕遞給這位父親。

一個身穿名牌服飾手拿蘋果手機，渾身中產階級象徵的年輕人跟家人道別，結束暑假準備返校。他跟家人談著高額的學生貸款、失業、低薪工作等等。

兩則故事在全世界每個國際機場都可能看到，象徵世界陷入危機，被社會、經濟的不確定與懷疑所包圍。

我們不知道該如何解決成長的挑戰，面對社會、經濟、文化、氣候議題，找不到讓西方世界回到正軌的辦法。美國新澤西州紐瓦克市長布克（Cory Booker），在他所寫的《質的探究與全球危機》（*Qualitative Inquiry and Global Crisis*）中說：

「民主跟社會正義一樣，都不是吸引大眾的運動。我們不能允許自己坐在沙發上，像名嘴空談種種問題跟解決之道。如果那樣，我們就是可恥地放任這些問題不管。我們不能重複去年的行徑，而期望一切今年會變好。我們必須親身參與我們希望看到的改變。」

創意思維，從自己開始

我們該怎麼做呢？布克呼籲每個人扛起責任，展開行動。每個行動從自身開始。要找到解決當今種種迫切議題的答案，我們先要能夠想像我們期待的明日世界。

本書中所有故事就在強調此點。創意是創造出新事物，是勇敢扮演改造世界的角色，是拿出我們的創造力。它從每個人開始，但沒有其他人參與也無以發生。我們借由此書，希冀喚起大家的創意潛能，發揮於日常生活。分析這些故事，我們得到六點結論，之前分別有所著墨，在此做個總整理。這些結論雖然看似一樣，但因為都是取自站上國際舞台發光的丹麥角色，所以，我們姑且稱之為丹麥版創意模式。

1. 創意來自邊界。換句話說，創意在既有知識概念的邊界萌生，在不同領域的職場與人生激盪。許多受訪者說他們廣泛受到不同類型與教化的啟蒙——包括音樂、文學、藝術、電影、競爭對手、合作夥伴。他們從既有之中萃取精華，尋獲與眾不同的獨特音色。面對既有素材，他們重新設計、重新創造、重新改革，但不會過度脫離自己的原始特色及專業知識。

2. 想維持源源不絕的創造力，創意突破或經常暫停是必要的。沐浴是活力來源的途徑之一，不管這所謂沐浴是實質意義或象徵意義。從萊斯的登山健行到貝耶澄清思緒之沐浴，這些看似莫名的暫停都是創新的起點。

3. 勇氣乃關鍵。受訪者一一談及要敢於玩大的，要有勇氣犯錯與認錯，要能堅毅面對重重阻礙不被擊退。其中某些人認為這跟經驗成正比。你愈相信自己及自己的判斷，就愈敢於「整個陷進去」——套用英格斯的話。

4. 盡可能的發想加上限制，是創意的有力組合。有時，數量帶來品質：想法愈多，可資運用的愈多。而有時，限制與阻礙更能逼出突破既有的點子。對公司及組織而言，必須以明確目標來規範創意，以免員工「天外飛來一筆」地隨興所至。

5. 創意需要管理階層的激發。若組織本身欠缺創意動力，領導階層可扮演推進器，也許像蓋堡形容的那種強烈欲望，或者像克里斯汀森講的那種創意架構。管理者站在領導位置才能激發組織創新。

6. 沒有員工投入，不會有創造力。也可以這麼說：「丹麥企業最擅長凝聚員工向心力，讓每個人都有機會貢獻想法或提出建議。」

本書想要強調的是：想看到改變，得率先行動；要有創意，先得展開有創意的行動。我們從律師事務所及許多創業者的故事深刻學到這點。如果能處在鼓勵此種風氣的環境更好。創意需要從組織高層做起，允許員工休息或暫停，提供財務資源，讓大家透過真正合作共同創造。

而這些故事也打破了有關創意的種種迷思：

1. 創意並非植基於個人天賦。那些描述一夜成名或天賦異稟的天方夜譚，往往忽略其背後的無限心血、知識與苦練出來的好身手。

2. 單兵發明家並不存在。發明多來自合作，來自知識的累積與方法的系統化。創新之舉其實是長期努力的成果，絕非潛意識開出幸運花朵——雖然這沉默不可見的過程確實有其貢獻，特別在創作最初階段。受訪者紛紛談及憑著直覺或潛意識，他們得以萃取潮流並融入自身的知識庫。

3. 「我知道了！」這個瞬間被過度渲染。戲劇性的突破其實很少，人們往往以為那是幸運之星的眷顧，我們的訪談對象則分享了背後的點點滴滴、重大改變的形成源頭。沒有眾人貢獻及長期投入，無法奠定創新基礎。

4. 創意的樣貌並非永恆。我們眼中的創意，其實會隨時空改變——不同時期又有差別。典範轉移改寫了我們對事物的認知，某個時代的最新到另一時代不再流行。若說萊斯對粗胚、對於斷簡殘編的興趣很有意思，那是因為我們一般關心的是完整劇情、敘述、模式、發展、結論。適用於某個情況的創作手法不見得適用在其他狀況。創意以及讓此創意呈現的過程，要視特定情形與公司而定。

5. 確保公司能有如此氛圍，是管理階層無可旁貸的責任。

未來，我們該怎麼做呢？

想想在這全球化的時代，丹麥、歐洲與其他地區所面臨的挑戰，丹麥於創新方面握有相當穩固的歷史基礎。透過以下分析，丹麥其實頗能作為其他國家的借鏡：

回顧歷史，丹麥在某些領域頗為傑出，例如食品業、海運、製藥、再生能源，及某些具有全球利基的產業。在一些特別講求創意的產業中，丹麥更是前衛，如美食烹調、電影、音樂、媒體、建築、設計、家具。丹麥電影及建築頗受國際稱道，在國內創造不少價值，帶來成長、出口及工作機會。早在二〇〇八年，丹麥商業局（Danish Business Authority）便做出統計：與創意產業密切合作的企業，產品創新程度較其他公司高出百分之十二，其中表現優秀的公司，員工修過創意課程的比例較高，而且設有較多的創意職務。

整體來說，如果我們真想將歐洲打造為有創意的知識社會，就必須把握所有創意突破與創新的機會。我們不見得要做得更賣力，但必須更聰明，前提是要有這種機會。也許我們還得更仔細地思索何謂永續創意。如果生產品質低落，生產再多的新產品有何意義？創意行事必須結合永續思考，人與產品層面都得顧及。

美國創意研究專家史登堡在一篇發表於二〇一一年的文章中強調，未來我們必須把創意與智慧結合在一起。毋庸置疑，更多創意不見得更有價值。就以希特勒與史達林來說，其無邊創意為世界帶來多少災難。根據史登堡的看法，所謂智慧是實現共同利益，顧慮小我及大我需求之平衡。這麼說也許有點失之草率，然而有意創新的公司不僅要有創意，更需要有智慧。生產的商品如此，提供給員工的工作條件也如此。這對丹麥與西方企業尤其重要，因為我們的薪資水準造成的高成本，難以與亞洲等國家競爭。

史登堡還說，智慧是懂得去做真正做得到的事情，這往往與社會或情緒智商有關。就這點而言，智慧其實更接近亞洲思考，與西方典型的創意認知有段距離。智慧可形塑我們的生活方式，而和其他有識之士一樣，史登堡認為學校應培養孩子發展明智的創意思考。

毫無疑問，未來的成長有賴創意。我們必須找到技術與方法，解決氣候變化與戰爭問題，防止地球進一步地惡化。唯一途徑是拿出創意，而且要有智慧。克里斯蒂安稱此為「因緣創意」（Karma creativity），跟他的「因緣企業」（Company Karma）有關。其基本哲學就是，賺錢與改善世界可並行不悖。有人會說這跟標準的企業社會責任（Corporate Social Responsibility, CSR）一樣，而兩者其實不同。企業社會責任往往孤立於公司某個部門——也許是行銷、人力資源，較大企業甚至設有獨立CSR部門。而在索尼科企業，因緣哲學主導全公司的運作，鼓舞員工自主合作。以下是克里斯蒂安的說明。

「因緣創意」改變世界

「因緣企業」立足於一個四重模型，我們設立目標，為公司最重要的四種利益共享者（stakeholders）創造價值。這四種共享者為：

1. 公司
2. 員工
3. 顧客與夥伴
4. 特殊案與一般企畫案

所以，你也可以將「因緣企業」視為企業社會責任3.0。要達到那樣的標準，我們必須有不同的思維，以判斷該做哪些事情，為所有共享者創造更大福祉。

克里斯蒂安旗下公司有很多具體事例。撼魔贊助獅子山與阿富汗的國家足球隊，對這兩個飽受苦難的國家而言，足球宛如照亮黑夜的火炬。獅子山名列世界窮國前三名，阿富汗被評為女性命運最悲慘的國家。

贊助之外，撼魔且安排一系列相關活動在阿富汗喀布爾（Kabul）舉辦，像是阿富汗女子足球對上北大西洋公約組織與國際維和部隊、來自八國士兵的足球賽事。一切由撼魔發想、安排、出資——透過美國有線電視新聞網（CNN）、英國廣播公司（BBC）、全球最具影響力的阿拉伯媒體半島電視台（Al Jazeera）及其他新聞機構的報導，也為全球女性聲張權利。

為了這項活動的構思與執行，撼魔行銷團隊著實花了不少時間在邊界摸索，各個部門也傾巢相助：物流協助物資運送、業務幫忙門市（包括網路）啟動企畫案，販賣阿富汗國家足球隊隊服，設計組負責參賽隊伍制服設計，要能引起廣泛矚目，納入商業考量，且顧及回教女性不得穿著短袖短褲比賽的規矩。

這類企畫要成功，眾人的投入及參與很重要。撼魔最近在獅子山成立了足球學校，全部員工——包括沒直接參與此一企畫案者——都透過某種形式投身進來，如每個部門都有自己專屬的足球學校。外部夥伴及顧客也各有投入的方式。

索科海運（Thorco Shipping）與紅十字會合作建立「索科非洲」（Thorco Africa），成為全球第一艘慈善海運，每年將百分之零點五的收入，或至少十五萬丹麥克朗，捐贈給紅十字會，救助非洲及其他地區。

克里斯蒂安的地產公司進行了一項「綠化」（Going Green）專案，推動項目包含一層綠化屋頂及LED照明。舉例而言，他們在荷蘭蓋了一座綠化停車塔，成為歐洲最大綠建築，並配合鹿特丹氣候企畫組織（Rotterdam Climate Initiatives）進行。塔裡種植的綠色植物所能進行的二氧化碳轉換，相當於兩百五十棵大樹。可以說，這棟停車塔是鹿特丹地區最大的「公園」。

透過這幾個例子與書中其他故事，我們可如此結論：若懂得善用創意，絕對能找出方法解決當今各項棘手問題——經濟危機、氣候危機、人口危機等等。

未來，創意不僅關乎賣出好產品，還要能引起顧客對體驗的情感及渴望。也可以說，企業的經營手法必須有所不同。社會企業家芬妮．波瑟（Fanny Posselt）便是一例。芬妮接手一個丹麥路邊的傳統熱狗攤，將它搖身成為世上造訪人數最多的熱狗攤。過去九年，芬妮實踐了減少世界不公不義的理想——一邊經營這不斷成長的長期生意。當初，她其實費盡口舌才說服銀行相信這門生意的潛值，那時她還揹著學生貸款，沒有開業經驗，不曾做過熱狗生意，完全不懂出口，也拿不出像樣的營運計畫。芬妮這間世上最知名的熱狗攤為弱勢兒童推動了不少社會改變，這才是康杜朵（Kontutto）公司的核心事業。一切，皆緣起於芬妮的決心：讓周遭更好。

尾聲

創意有兩個絕對要件：

1. 要有活力，動力，熱情。
2. 一切創意莫不來自既有之邊界，換言之，沒有真正的新事物，不過是重新組合既有元素——熱狗攤也不例外。有此認知，便懂得謙卑為懷。

本書中，我們接觸了音樂家、作家、律師、執行長、研發人、藝術家、廣告人、董事會成員、設計師、創業家，了解他們如何走出創新。動力、抗壓性及一種沿著既有邊界前行的特殊直覺，說明決心之必要——與採取行動之必要。

創意以行動為基礎，具體打造出新事物，目的在改善周遭。儘管此書訪談對象都是以創意享有盛名的佼佼者，也充分呈現他們幾乎都不是單兵作業，其他人跟公司組織幫忙解決這些人無法處理的事情。這些主角從他人身上汲取靈感，他們知道何時該把其他人拉進來合作，即使困難重重，他們依然勇往直前。這些特質，是我們這個時代最需要的。

本書基本結論之一為：創意萌發時，是我們沿著邊界探索之時，也就是我們與人合作之時，無論合作對象是內部同仁或外部任何人。我們再以一則丹麥的例子來總結此書，點出創造力的必要前提。

多年來，不少跨國研究指稱丹麥為全球最幸福國家，這讓許多丹麥人跌破眼鏡。很多人覺得鄰居抱怨不休，丹麥的稅率居全球之冠，多數人得將所得過半繳交國庫。再者，丹麥氣候實在乏善可陳，經濟上又被北邊靠石油致富的鄰國挪威比了下去。平均而言，國人的健康與壽命也不如鄰國瑞典，而且還孕育了世界文學最鬱悶的人物：哈姆雷特。

所以，究竟什麼原因讓丹麥那麼幸福?!

針對最近公布的全球幸福指數報告，《富比士》雜誌刊登了一篇某位待過丹麥的女士報導。這位女士說，某日她想去騎馬，結果到了那兒發現只收現金，於是她問附近哪兒有提款機，對方居然告訴她，儘管先去騎，騎回來之後再付錢就好。

對丹麥人來說，這種事司空見慣，再普通不過，但對這位女士而言，卻讓她認定丹麥國民對人懷抱高度信賴，而且不僅是身邊熟人，對遠方來的陌生人也一樣。據她說，這就是我們幸福的原因。換言之，安全感及彼此信賴，是產生幸福感的關鍵因子。這個結論或許有點扯遠了，但它確實點出關於創意的重要本質：無人能在完全孤立的狀態下創造出任何東西，我們愈相信別人能有所貢獻，對創作也愈有利。創意自框架的邊界上開始萌生！